二八定律

江奇龙 —— 著

中国纺织出版社有限公司

内 容 提 要

意大利经济学家帕累托在研究经济现象时发现了二八定律，由此认识到世界上的很多事情中都存在不平衡现象。后来，二八定律不仅被运用于商业领域，也运用于其他领域，极大地影响了人们的生活。

这本书重点介绍了二八定律在很多领域中的体现和运用，更深刻地为人们揭示了二八定律的真相：只需要很小的投入或者付出很小的努力，就能够产生很大的结果，获得很多的回报。这就像杠杆能够实现以小搏大一样，只要我们深入学习和灵活运用二八定律，就能在很多事情上省时省力、事半功倍。

图书在版编目（CIP）数据

二八定律 / 江奇龙著. -- 北京：中国纺织出版社有限公司，2025. 8. -- ISBN 978-7-5229-2482-3

Ⅰ. B848.4

中国国家版本馆CIP数据核字第2025MB5288号

责任编辑：李 杨　　责任校对：高 涵　　责任印制：储志伟

中国纺织出版社有限公司出版发行
地址：北京市朝阳区百子湾东里A407号楼　邮政编码：100124
销售电话：010—67004422　传真：010—87155801
http://www.c-textilep.com
中国纺织出版社天猫旗舰店
官方微博 http://weibo.com/2119887771
天津千鹤文化传播有限公司印刷　各地新华书店经销
2025年8月第1版第1次印刷
开本：880×1230　1/32　印张：7
字数：108千字　定价：49.80元

凡购本书，如有缺页、倒页、脱页，由本社图书营销中心调换

前　言

在学校里，很多努力却学习成绩平平的学生总是感到纳闷：为何那些学霸每天看上去轻轻松松，对待学习并没有拼尽全力、争分夺秒，却能够取得好成绩，而我每天废寝忘食，每分每秒都在全力投入学习，却总是不能如愿以偿地取得好成绩呢？在职场上，很多兢兢业业的员工也愤愤不平：凭什么他整日轻松自在却有出类拔萃的表现，而我如同老黄牛一样埋头苦干却总是不能圆满完成工作任务呢？毋庸置疑，这样的现象的确是不平衡的，也难怪人们会感到委屈、不满，甚至觉得有失公平。然而，世界的本质就是不均衡，这是二八定律为我们揭示的真相。

仅从表面来看，有些学生和职员的确比较轻松，但是他们的表现并不糟糕。同时，他们还以优秀的表现赢得了其他人的关注。所以再也不要相信一分努力一分收获了，最重要的是要明确努力的目标、保持努力的正确方向，还要掌握努力的方法。与其花费80%的精力只获得20%的回报，不如花费20%的精力，把握最重要且最关键的步骤，这样就能获得80%的回报。从性价比的角度来说，当然是后者更令人心动。

遗憾的是，现实生活中坚持以80%的付出换取20%的回报的人很多，更糟糕的是，他们对于自己付出与回报不成比例的关系始终毫无觉察。但是很幸运的是，他们有机会读到这样一本书，开始接触和了解二八定律，也渐渐认识到世界的本质是不均衡。既然如此，我们不要再付出80%而只得到20%，如果能够以合理的方式让付出与回报的数值颠倒一下，那么结果就将让人惊喜。

  一直以来，绝大部分人都相信一分耕耘一分收获，相信在读了这本书之后，他们的观念将会得到彻底的颠覆。无数事实告诉我们，二八定律始终存在，而且就像空气一样无处不在、无时不在。在漫长的人生中，我们所经历的大多数事情都只能归因于少数的因素。例如，大概20%的努力付出决定了事情的结果，大概20%的运气和机缘彻底改变了事情的发展态势等。二八定律是如此深刻地影响着我们的生活，所以我们必须有意识地学习二八定律，并深入了解和灵活运用二八定律。唯有如此，我们才能最大限度地利用有限的时间和精力，获得最理想的结果。从这个角度来说，二八定律不仅是商业法则，而且是效率法则。不管是在商场中，还是在日常生活中，运用二八定律都能帮助我们实现杠杆作用，以20%的付出获得80%的结果，轻轻松松实现目标。

编著者

2024年8月

目 录

第一章　运用二八定律，实现商业成功　001

20%的商品创造80%的利润　003
坚持二八定律，实现成功营销　007
把握关键人物和重要客户　012
发掘只占20%的优质客户　015
留住至关重要的20%客户　019

第二章　运用二八定律，做好商业管理　023

集中精力解决主要问题　025
不可不知的管理规则　030
运用二八定律管理质量和库存　034
80%的质量问题和20%的瑕疵　038
比起复杂，单纯更占优势　043

第三章　运用二八定律，保障人力资源　　047

把握最重要的人力资本　　049
学会放手和授权　　053
提携得力干将　　058
团结协作，学会助力　　062
你只需要留住最重要的员工　　065

第四章　运用二八定律，决胜商业谈判　　069

双赢才是终极目标　　071
运用二八定律进行商业谈判　　074
最后时刻是成败的关键　　078
欲扬先抑，决胜瞬间　　082
软硬兼施，面面俱到　　086

第五章　运用二八定律，工作生活兼顾　　091

明确人生的重中之重　　093
做一个创造财富的懒人　　096
要少工作，但要多赚钱　　101

快乐地工作	106
生活在当下	111
知道自己想要什么	116
坦然面对和接纳生活的现状	120

第六章　运用二八定律，做好时间管理　123

忙乱只是伪装的努力	125
淡定从容，做时间的主人	129
珍惜每一刻的闲暇时光	133
区分事情的轻重缓急	137
保质保量才能保证高效	145
节省时间的方法	148

第七章　运用二八定律，培养个人习惯　151

未雨绸缪，做好备选方案	153
诚信，是做人的根本	156
当机立断，才有力量	160
你只需要运用20%的力量	163
捕捉关键信号	167
时刻滋养心灵	171

第八章　运用二八定律，收获美好感情　175

贵人相助，事半功倍　177
保持适当的距离　181
给朋友分分类　185
与快乐的人相伴，收获快乐　189
近朱者赤，近墨者黑　192

第九章　运用二八定律，成功如约而至　197

坚持住，成功就在转角处　199
培养核心竞争力　202
迈出通往成功的第一步　206
保持专注　210
正确对待失败　213

参考文献　216

第一章

运用二八定律,实现商业成功

1897年，在偶然的机会下，意大利经济学家帕累托分析了英国人的收益模式和财富模式，在对此进行深入研究之后，发现社会上的少数人占据了绝大多数财富，因而导致占有财富的人口数量与财富总额的比例严重不平衡。以此为基础，他提出了二八定律。这意味着投入与收获、努力与回报、原因与结果之间的关系处于不平衡的状态，这种现象屡见不鲜。

20%的商品创造80%的利润

在商业经营中，那些营业额只占少数的产品，换言之，就是大概20%的产品，尽管销售这些产品的所得只占营业额的很小比例，但是却创造了很大的利润。相比之下，那些占营业额多数的产品，换言之，就是大概80%的产品，尽管销售这些产品的所得占营业额的很大比例，但是却只创造了非常微薄的利润。除此之外，有些产品面临着亏本的困境，即在分摊了日常费用之后，这些产品不仅没有创造利润，还会造成亏损。这就是商业领域中普遍存在的二八定律。二八定律不但存在于商业领域，也同样适用于销售公司。

很多人在初次了解二八定律时，未免会感到惊奇：不理解商业领域为何会有这么奇怪的现象，也不理解商业市场为何处于这么严重的不平衡状态。但有一点毋庸置疑，即占所有产品20%的产品，能够创造所有利润的80%；占所有产品80%的产品，只能创造所有利润的20%。为此，一家公司要想以最小的投入获得最大的收益，就要善于发现且特别关注那些核心商品，因为正是这些商品创造了公司的超额利润。如果是生产型企业，那么就要在这些核心商品上投入更多的时间和精力；如果是销售公司，那么同样要在这些核心商品上投入大量成本进行营销。需要注意的是，坚持二八定律并非只需要关注和掌握20%的核心产品，而对其他产品采取无视或漫不经心的态度。二八定律固然是商业盈利的黄金法则，但是我们却不能因盲目销售新产品而忽略更多样的产品，否则就会导致事与愿违，也会导致无用功。核心商品和普通商品之间的关系并非严格遵循二八定律，从某种意义上来说，二八定律是一种概括的说法，是为了让人们一目了然地看到核心商品和普通商品的比例关系，又因为二和八相加的结果是十，所以人们也更容易记住二八定律。当把二八定律运用于商业领域时，我们会发现很有可能绝大部分利润来自10%~30%甚至是40%的商品，这种情况不一而足。二八定律真正的特点在于为我们揭示产品与利润之间不平衡的状态，从而引导我们领悟商业运作的真谛，那就是投入与回报之间并非我们所想的那样是对等的。

  作为一家小型果蔬店的老板，在初入行业时，刘军可谓吃足了苦头才得到了更多的教训，也积累了更多的经验。刚开始时，刘军以自己的喜好为依据，进购了很多蔬菜和水果。然而，让他万万没想到的是，只有极少数蔬菜和水果赚到了钱，大部分蔬菜和水果都处于保本甚至是亏损的状态。为了让自己采购的蔬菜和水果更加畅销，每当有顾客时，刘军都会耐心地询问他们需要哪些品种的蔬菜和水果。有些顾客很愿意和刘军沟通，也会把自己的需求告诉刘军。相比之下，有些顾客则很不耐烦，恨不得在整个买菜的过程中一言不发。即便如此，细心的刘军依然通过蔬菜和水果的售卖情况，做到了心中有数。

一段时间之后，刘军终于能够从客户的需求出发采购蔬菜和水果，但是门店的利润依然很微薄。两眼一抹黑的刘军只得开动脑筋思考，每天都详细记录哪些种类的蔬菜和水果利润大、销售得也最快。如此，又过去半年多时间，刘军总算是有了真正的经验。在此之后，他还特意每天推出两款平价菜。这两款平价菜只在成本价的基础上加了路费和损耗，而没有任何利润。其实，刘军的想法很简单，就是以这两种平价菜实现对客户的引流，再以门店里的几款主打蔬菜和水果赚取大额利润。果不其然，在采取了这个策略之后，刘军的果蔬店不但门庭若市、生意越来越好，而且利润也更加可观，很快就实现了良性运转。

不管是在一家蔬菜店、一家水果店里，还是在一家超市、一家服装商场里，都不可能让所有产品都实现高额利润。唯有了解商业运作的二八定律，并真正地把关注重点放在核心商品上，与此同时再推出特价商品、平价商品等，才能吸引更多客户，赚取更多利润。

现代社会，物质极大丰富，各行各业的新产品层出不穷。这意味着市场竞争越来越激烈，不管是作为企业还是作为个人，要想在日益激烈的市场竞争中站稳脚跟，为自己赢得一席之地并赚取更多的利润，就一定要了解、学习和应用二八定律。每个产品的利润空间是不同的，企业在给产品定价时，还可以遵循不同的策略，例如，撇脂策略主张以高价回收利润，低价策略则侧重于薄利多销。不管是对于大规模的组织,还是对于个人经商者,准确地给商品定位,让商品创造巨大的利润空间,这才是最终的目的。

坚持二八定律，实现成功营销

俗话说，三百六十行，行行出状元。相比其他行业，销售行业无疑是难度很大的。每一个销售员不仅要先把自己推销出去，还要了解销售中的各种现象和原则，这样才能实现成功营销。对于营销人员而言，不但要重点关注核心商品，即只占据少数却能够带来巨大利润的商品，而且要重点关注核心客户。虽然核心客户只占所有客户的20%，但是能够为我们创造极大的利润。换言之，相比普通的客户，核心客户的成交率是更高的。我们时刻都要坚持把核心客户视为上帝，关注核心客户的需求。但是难道这意味着我们可以无视剩下的非核心客户，或者对非核心客户的需求置之不理吗？当然不是。非核心客户尽管只能为我们创造微薄的利润，但是他们同样很重要。只是在对非核心客户进行营销的时候，我们既要保证营销的效果，也要侧重节约成本。

例如，非必要无须登门拜访非核心客户，而是可以以电话、邮件、短信或微信等方式与非核心客户保持沟通。这样一来不仅大大提升了销售的效率，还降低了销售的成本。因为是采取非面对面的沟通方式，所以时间方面是更加灵活的，我们完全可以在服务核心客户的间隙中关照非核心客户。这使得我们哪怕没有如愿以偿地达成与非核心客户的交易，也可以减少自己的成本损失。

作为一个优秀的销售员，我们不要把自己所有的时间与精力平均分配给所有客户，而是要把自己80%的时间和精力集中起来，用于20%的核心客户身上。这些重要客户之中，有一部分是老客户，另一部分则是新开发的客户。很多销售员都有这样的感触，即如果在刚刚与新客户建立联系的时候不能赢得对方的尊重与信任，也不能与对方建立良好的关系，那么后续的交往难度就会大大增加。反之，如果能够与新客户建立良好的关系，互相留下良好的第一印象，那么接下来的人际相处和销售工作就会水到渠成。因而每个销售员都要深入理解和灵活运用二八定律，这样哪怕只是付出20%的努力，也能够获得投入80%的精力才能得到的良好效果。一旦掌握了这种以小博大的方法，我们在销售过程中就会更加轻松省力，也会获得自己想要的结果。

如果把二八定律运用于企业管理，那么我们就会发现，坚持且成功实现二八定律的企业能够以最小的投入和付出，赚取高额的利润与回报。这完全符合企业的经营目标，可以说所有的企业都想要实现这样的理想局面。遗憾的是，在企业经营中，很多管理者骄傲自满，始终认为在自己的管理之下企业获得了良好的发展，如今已经达到了巅峰状态。这使得他们志得意满，不愿意跟随企业发展和成长的脚步与时俱进地改变。与这些极度自信的管理者不同的是，很多管理者是非常消极悲观的，他们认为企业之所以迟迟不能发展壮大，是因为有很多因素阻碍了企业前进的脚步。面对这样的情况，一味地抱怨或者推卸责任是不可取的，真正明智的做法是积极地进行自我反省，从自身寻找原因，从而做到有的放矢地解决问题。

二八定律认为不管是在企业经营中，还是在个体经营者的经营中，80%的利润都是由20%的顾客、产品或者是员工创造的。从客观的角度来说，这些模式是不平衡的，却始终存在。对于任何企业而言，发展空间是始终存在的，关键在于如何合理且充分地利用发展空间，从而取得长足的进步和成长。不仅人生只有昨天、今天和明天，企业的成长也只有昨天、今天和明天。对于昨天，一切已经成为历史，不可改变，因而不要始终沉迷于过去的荣誉和光环中无法自拔，也不要因为过去的失败和挫折就一蹶不振。唯有立足当下，把握眼前的机会，我们才能拼尽全力坚持发展。可以说，每一个企业当下所做出的决策，都决定了该企业在未来会拥有怎样的发展，又会取得怎样的成果。

仅从表面来看，二八定律解释的各种不平衡现象是令人难以接受的，但一旦我们转化观念，将其视为企业发展过程中必然存在的客观规律，那么我们就能够心平气和地接纳和理解二八定律，从而灵活且充分地运用二八定律。对于企业而言，只要能够坚持做好核心产品的生产和销售工作、黏住核心客户，如愿获得核心客户带来的利润，就能大大增加企业的利润，使企业在赚得更多利润的同时谋求长远的、可持续的发展。

如今，很多业内人士都已经达成了共识：他们认为企业80%的利润是由20%的产品创造的，企业80%的质量问题，都是由只占20%的缺陷引发的，也相信企业高达80%的利润来自仅占20%的核心客户。这里不管是20%，还是80%，都不是一个具体明确的数字，而是在为我们揭示企业经营过程中存在的各种不平衡现象。仅从表面来看，这种不平衡现象给企业经营带来了困扰。然而，在经过深入分析之后，我们就会发现只要善于运用二八定律，就能借助这样的不平衡现象发挥企业的优势，使企业得到更好的发展。

　　举例而言，在把握与客户的关系方面，如果面面俱到维系好与所有客户的关系，那么销售人员就需要付出大量的时间和精力。每个人的时间和精力都是有限的，除了工作之外还需要生活，所以不管从哪个角度来看，这一点都是很难做到的。既然如此，就要遵循维系客户关系的规律，即获得一个新客户比维系与一个老客户的关系更难。那么我们何不避重就轻，维系好与老客户的关系呢？在美国，有一家无线电公司每开发一个新客户，就需要付几百美元。即便耗费这么大的成本获得了新客户，也未必能够保留住新客户。有一个数字是令人心痛的，即该公司每年的客户流失率很高，达到40%多。这意味着保留下来的新客户承担着至少两倍的成本。长此以往，这家公司就像是进入了一个怪圈，一边投入大量成本开发新客户，一边又眼睁睁地看着新客户流失。眼看着公司的处境越来越艰难，已经到了难以为继的程度，老板只好宣布破产。可见，不懂得花费80%的时间和精力用于维系与20%的核心客户的关系，导致的后果是非常严重的。

在很多组织机构中，客户服务成本都存在过高的现象。例如，很多银行都要投入大量成本维系与大多数客户的关系，遗憾的是，大多数客户为银行创造的利润是微乎其微的。渐渐地，银行认识到运用二八定律的重要性，越来越重视那些能带来高额利润的客户，并且花费大量时间和精力维系与这些客户的关系。为了精准地对待不同客户，他们对客户进行了细分，从而采取不同的服务手段和服务方法，针对不同的客户进行服务。如此一来，银行有效地留住了核心客户，也与核心客户之间建立了稳固长久的合作关系。在此过程中，核心客户源源不断地为银行创造大量的利润，使银行的经营进入良性循环状态。

当然，要想坚持这么做，就要预先做到以下几点。

首先，根据客户的各种信息做出明确判断，从而将客户划入20%的核心客户或者是80%的普通客户的阵营。由此一来，就避免了浪费太多时间和成本于低价值甚至是无价值的客户身上。需要注意的是，这么做是出于公司生存与发展的需要，而非把客户划分为三六九等，更不是鄙视或歧视客户。

其次，安排不同的销售人员服务于不同的客户群体。为了激励销售人员更好地服务于对应的客户群体，还可以采取一定的激励措施，激发销售人员的服务热情，从而促成交易。这么做的目的是让最优秀的销售人员服务于顶级客户，这对于留住核心客户是至关重要的。

把握关键人物和重要客户

作为客户，我们当然不愿意被商家的销售人员区别对待，但是事实正是如此，是无法改变的。在所有商家或者是销售人员的心目中，有些关键人物非常重要，他们的重要性甚至超过了其他所有任务。特别是在某些商业活动中，关键人物更是不可或缺的，他们起到了决定性作用。那么，关键人物指的是谁呢？关键人物有可能是老客户，也有可能是新客户，还有可能是能够为公司提供便利条件或者助力的贵人。把握关键人物的重中之重，在于把新客户转化为老客户、把老客户维系成忠诚客户、与公司的贵人之间建立长远稳固的合作关系。

无论是作为企业的代表，还是作为销售人员，我们都不可能面面俱到地服务于所有客户，更不可能把每一个客户都当成是工作的核心。俗话说，好钢用在刀刃上，我们很有必要集中时间和精力，为最重要的20%的客户服务。相比起服务于所有客户，服务于20%的重要客户是更重要的，也能够取得良好的效果。

古今中外，所有成功者都无一例外地坚持二八定律。他们把有限的时间和精力用来做最重要的事情，才能在某个领域深耕，取得优异的成绩。正如鲁迅先生所说的："世界上哪里有天才，我只是把别人喝咖啡的时间用于写作而已。"关注只占20%的关键人物、重要客户等会让我们对公司未来的发展和前景有更清晰的规划。与此同时，我们还可以将20%的关键人物作为服务目标，坚持为他们提供优质服务，把他们变成公司的忠实客户。

需要注意的是，关键人物和重要客户未必指的是个体，也有可能指的是不同规模的组织机构，例如一家小型企业或者一家大型公司。当关键人物和重要客户指的是个体时，我们就要努力地收集更多资料，面面俱到地了解对方。通常情况下，我们需要收集的资料如下所述。

针对个体客户，我们需要了解客户的基本信息，包括客户的姓名、性别和年龄等，也要了解客户的职务名称等。除此之外，我们还要深入了解客户的教育背景，拥有不同教育背景的人往往消费理念不同、购买能力不同、生活水准也不同。例如，有些人有海外留学的背景，那么他们为人处事的风格就会带有西方色彩。此外，每个客户看似是个体，实际上是归属于某个群体的，为此要了解该客户在群体中是否有决定权。举例而言，有的客户虽然已经成年，但是买房需要父母提供所有的资金，为此在定夺究竟购买哪套房子时，父母的参考意见是非常重要的；有的客户尽管有不错的工作和稳定的收入，却是不折不扣的妈宝男，不管做什么事情都需要征求妈妈的意见；有的客户在家庭生活中没有经济来源，没有家庭地位，所以做大的决策时压根没有发表意见的资格。对于不同客户的不同情况，我们都要面面俱到地深入了解，把握客户的心理状态。

除了上述这些因素外，兴趣爱好、生活习惯等也会影响客户做出决策。例如，有些客户喜欢摄影，哪怕一台高端照相机很贵，他们也会毫不犹豫地购买；有些客户喜欢户外运动，在买房时更倾向于考虑小区周围有没有大型公园方便他们晨跑或夜跑；有些客户是代表公司采购相关用品的，那么除了要了解客户的脾气秉性和喜好，还要关注公司的具体需求和决策人等。总之，客户的需求是非常细化的，也会在决策过程中受到很多因素的微妙影响。作为销售人员，必须面面俱到，洞察客户的内心，了解客户的真实需求，这样才能有的放矢地推荐合适的产品给客户，也才能更有针对性地服务于客户。

在全面了解关键人物和重要客户之后，我们对于每个客户的价值就做到了心中有数。在这种情况下，我们无须继续毫无区别地对待客户，而是可以根据客户与销售业绩的相关性，对客户进行重要程度的划分。

通常情况下，我们可以针对过去某段时间内的一百名客户，把消费金额排名前三的客户列为重要客户，把消费金额排名前十的客户列为主要客户，把消费金额排名前二十的客户列为普通客户，除此之外的客户都是非重要客户。事实证明，只要牢牢抓住排名前二十的客户，就能保证为公司创造稳定的利润。对于一家公司而言，排名前二十的客户甚至能创造高达90%的利润，这个数字是惊人的。如今，越来越多的公司和销售人员认识到，大概80%的客户基本不能为公司创造利润。既然如此，就让我们重点关注20%的客户吧！

发掘只占20%的优质客户

不管是经营状况良好的公司，还是经营状况不好的公司，只要开张就有属于自己的客户。要想改善公司的经营状况，为消费者提供满意的服务或者产品，关键在于了解和满足客户真正的需求。遗憾的是，很多经营失败的公司压根无法准确地描述自己的客户。这是由于他们的目标客户定位不准确，由此导致生产和经营活动渐渐地脱离了目标客户。相比之下，那些经营成功的公司则对自己的客户如数家珍。介于经营失败和成功之间，更多的公司虽然知道自己的客户群体，也能说出一部分客户，但是却无法清楚地描述所有客户。在这样的状态下，他们还会不知不觉间忽略那些重要的客户，这显然是巨大的损失，也会导致糟糕的后果。

为了避免这种情况出现，学习和运用二八定律很重要。对于绝大多数公司而言，只需要依靠占比很小的客户，就能够创造大部分利润。这是因为占比很小的客户购买力强大，有可能达成公司80%的交易额。相比之下，那些占很大比例的客户呢？他们尽管数量多，购买力却是极其有限的。数据告诉我们，占据80%比例的他们，只达成了20%的交易额。如果你是商家，那么你认为自己应该侧重于把握哪些客户呢？当然是极为珍贵的20%的优质客户。

为了了解当下业务的重要来源，对公司的经营状况和发展趋势做到心中有数，也为了全面地了解客户群体、有的放矢地发展优质客户，我们很有必要以客户交易额占公司销售额的百分比作为依据进行排序。在发展优质客户的过程中，我们必须更加关注细节。尤其是在竞争日益激烈的今天，一旦错过了至关重要的细节，我们就无法从竞争对手中脱颖而出。

古人云，吾日三省吾身，进行商业发展也要如此。每天，我们都要扪心自问：是否发生了新情况？是否转变了发展方向？是否对某一个或者某两个客户过于依赖？是否能够继续为特定的行业或者某些特定的下游产业提供产品？是否需要大力开发新客户？是否需要全力投入维护与老客户之间的业务关系？回答了这些问题后，我们对于商业的发展就有了更明确的思路，也有了更准确的方向。

不管对于上述问题做出了怎样的回答，有一点是毋庸置疑的：我们必须投入大量的时间和精力维系与核心客户的关系，这样才能保证公司稳定地开展业务，也才能保证公司一如既往地获得利润。在此过程中，我们还要避免犯鼠目寸光的错误。很多企业、很多公司、很多销售人员，都只盯着眼前的利益看，其实不管是个人成长还是公司发展，都是一个漫长的过程，都要保持可持续发展。尤其是作为销售人员，一旦认识到发掘和维系优质客户的重要作用，对于销售工作就将得心应手，获得极大进步。

作为一名蔬菜供应商,最近这段时间餐饮行业生意萧条,蔬菜消耗量大大下降。为了能够保持营业额的稳定和增长,小马决定调整经营思路,为单位食堂供货。他最先瞄准了那些学生人数多的学校。毕竟,学校里每天都要为全体师生提供餐食,是非常稳定的客户。然而,小马此前从未与学校合作过,他知道要想赢得学校的信任、获得与学校的合作机会是很难的。不过,他凭着优质的蔬菜和水果,有信心与学校建立联系。

这段时间,小马很关心学校配餐的相关消息。当看到有一所学校出现了食品安全问题时,他第一时间就联系学校,要为学校免费少量配菜一周。在这一周的时间里,小马送去的新鲜蔬菜和水果都用于教师食堂。后来,学校又在教师队伍里进行了调查,发现绝大多数老师都认为菜品在质量上、丰富程度上都有所提升,小马提供的蔬菜和水果得到老师们的认可和好评,学校便与小马签订了为期一个月的供货协议。小马打起十二分的精神,选择最优质的蔬菜和水果供应学校,终于拿下了与学校的年度供货协议。让他惊喜的是,该校校长还把他推荐给了其他几所学校。就这样,小马非但没有亏损,反而还扩大了经营规模。

小马很有经营头脑,所以才会在大多数人都为生意而发愁的时候,反其道而行,借此机会做出了一个大胆的决定:与学校建立合作关系。俗话说,万事开头难。对于小马而言,凭着赤手空拳打入学校内部当然是很难的,但是他没有被困难吓倒，而是怀着攻克难关的信心和勇气，如愿以偿地达成目标。

　　不管是做人还是做事，都要走一步看三步，而切勿走一步看一步。当看到事情发生的时候，我们不能只满足于观察当下的各种情况，而是要洞察事情未来的发展趋势，从而及时地采取相关措施，顺应事情的发展和变化。所有深谙二八定律的人都是有着远大格局的人，他们一直在想方设法地挖掘优质客户，致力于维持与优质客户之间的合作关系。

留住至关重要的20%客户

二八定律告诉我们，20%的客户达成了高达80%的销售额，创造了80%的利润。仅从表面来看，客户与销售额、利润之间的关系是不平衡的，但是其实正是这样的不平衡关系，揭示了销售的奥秘和捷径。在市场销售的过程中，我们应该有效地运用二八定律，从而选择卓有成效的营销策略，实现理想的销售成果。

每一个销售人员在了解二八定律，也认识到20%的客户的重要性之后，就不会再不偏不倚地平等对待所有的客户，而是会想尽一切办法，把自己的大部分时间和精力都用于经营、维系与20%的客户的关系。这么做比关注每一个顾客更容易，也极其有效地提高了销售效率。和经验丰富的销售老手深谙二八定律不同，有些刚刚进入销售行业的新手往往怀着天真的愿望，认为只要坚持努力付出，就能够如愿以偿地得到相应的回报。这只是一厢情愿而已，残酷的现实告诉我们，努力了未必有收获，不努力则注定一无所获。

只占20%的重要客户不但对每一个销售人员至关重要，对每一家企业也同样是至关重要的。一般情况下，企业80%的利润都是由20%的客户创造的，这听起来让人感到匪夷所思，却是不争的事实。既然如此，就不要再继续秉承"公平"的原则对待所有客户，而是要充分关注重点客户，并把有限的时间和精力用于服务重点客户。唯有长期坚持下去，关注重点客户才能事半功倍。如果从数学的角度来理解这样的选择和做法，就能茅塞顿开。既然20%的重点客户创造了80%的利润，那么保住20%的重点客户，就相当于保住了企业的主要营业额和主要利润。在此过程中，我们很有必要以列数字的方式进行说明。这是因为数字能够起到令人一目了然的效果，使人具有更加形象的目标。在具体实践和操作的过程中，数字的变化更是让我们看到努力付出的收获，也就更加信心百倍地继续为20%的重点客户提供优质服务。

瑞典的银行组织进行了一项调查，发现银行的大部分利润并不是由大部分客户创造的，而是由少部分客户创造的。那么，大部分客户为何选择某家银行呢？其实，主要是因为他们对该银行的服务非常满意。与他们相比，那些只占少数的真正的关键客户对于银行的服务并不满意，这意味着银行随时都有可能失去他们。想到这一点，银行组织感到非常担忧，因而立即开始改善服务，致力于为那些关键客户提供优质服务。然而，银行里的工作人员毕竟是有限的，他们只能缩减用于服务大多数客户的人员，让更多人致力于服务真正的重要客户。毫无疑问，在感受到银行提供的越来越优质的服务之后，这些重要的客户更愿意选择与该银行合作了。

与此同时，银行也面临着不可避免的损失，即失去一部分普通客户。虽然银行为此感到惋惜,但是当看到银行的营业额如同预期的那样节节攀升之后,他们又感到释然。既然失去的都是不能为银行创造更大利益的普通客户,那么所谓的损失也就算不上是真正的损失了。

对于很多企业而言,它们也应该学习瑞典的银行组织,在普通客户与重要客户之间做出选择和取舍。从客户的数量上来看,这样固然会失去一部分客户,但是经营的目的在于创造利润,只要利润有所提升,能够挽留住真正重要的客户,小小的失去就是值得的。二八策略要求我们不仅要以不同的客户群体为基础,选择最合适的营销策略,也要拥有全局观,以稳定重要客户为最终目的,从全局出发统筹安排,制订发展策略。任何企业要想获得成功,都必须留住那20%的重要客户。那么,20%的重要客户由哪些人组成呢?

首先,20%的重要客户来自稳定的老客户群体。在商业经营中,只有那些抓住老客户的商业组织,才能取得良好的销售业绩。与其投入所有的时间和精力去开发少量的新客户,不如投入所有的时间和精力去维系与大量的老客户的关系。在任何情况下,老客户都是公司财源滚滚的保证。因为已经购买了公司的产品,感受到了公司的服务,所以老客户并不会如同新客户那样对公司和产品吹毛求疵。换言之,老客户是企业生存的宝贵资产,其作用甚至超过了商品。在维系与客户关系的过程中,如果能够提升老客户的比例,那么对于增加营业额、增加利润的效果将会是立竿见影的。

其次，利用老客户开发新客户。只靠着维护老客户显然无法适应竞争激烈、瞬息万变的市场。那么，在挖掘老客户的潜在价值时，除了要让老客户产生依赖之外，还可以借助老客户的渠道开发新客户。老客户的推荐比销售人员的推销更加可信，因而老客户的一句赞美胜过推销人员的无数句自卖自夸。现代社会中，人脉资源的重要性被提升到前所未有的高度，是极为重要的资源。每个人的身后都有着若干人组成的消费人群，例如亲戚、同学、朋友、同事和邻居。因而维护老客户并不意味着放弃新客户，维护好老客户，新客户就会源源不断。

最后，抓住大量使用产品的客户。不同的客户对于产品的使用频率是不同的，我们可以按照使用频率的高低，把客户分为低频率使用者、中频率使用者和高频率使用者。显然，在所有客户中，高频率使用者是更加重要的。这是因为高频率使用者尽管只占所有使用者的20%，但是他们却为企业创造了至少80%的利润。举例而言，对于抽烟者来说，高频率抽烟者的香烟消耗量占所有消耗量的90%，而低频率抽烟者的香烟消耗量却只占所有消耗量的10%。因此，当企业用心服务于高频率使用者时，经营状态就会更稳定。为了拉拢高频率使用者，使他们变成企业的忠实消费者，有些企业针对高频率使用者推出了优惠政策，也设立了极具吸引力的会员制度。

第二章

运用二八定律,做好商业管理

在企业经营中运用二八定律，就能够重点掌控20%的经营要务，从而明确企业经营应该重点关注哪些方面，指导企业家在经营过程中把握方向，抓住重点，集中力量攻坚克难，最终起到以点带面的作用，带动企业的各项经营工作，让企业经营进入良性发展的态势，从而收获理想的结果。

集中精力解决主要问题

作为企业的管理者,不可能对企业眉毛胡子一把抓,更不可能面面俱到地关注企业经营管理的所有方面。既然所有人的时间和精力都是有限的,那么作为企业的管理者,就应该致力于解决企业经营和管理过程中的主要问题与主要矛盾,而切勿舍本逐末,本末倒置。作为管理人员,一定要理解和领悟二八定律的精髓,即只需要20%的付出,就能获得80%的回报。如今,大多数管理人员都认为这是不可能实现的,这是因为他们还没有学习二八定律,更不能运用二八定律。

那么,如何才能用20%的付出,获得80%的回报呢?在企业经营和管理的过程中,只有以二八定律为指导,才能有效地调整管理的策略,让管理实现高效率。要想做到这一点,我们应该统观全局、把握全局,了解公司通过哪些业务实现盈利,又因为哪些业务持续亏损。唯有对全局有直观准确的把握,我们才能有的放矢,对症下药,制订有效的策略促进公司的发展和成长。反之,如果压根不了解公司的经营和运转情况,也不知道公司不同业务的亏损和盈利情况,那么就无从运用二八定律管理公司。

在很多公司里,有些管理者运筹帷幄,总是能够把很多事情都管理得井井有条,而有些管理者则恰恰相反,哪怕已经拼尽全力,很多事情依然混乱不堪,毫无头绪。他们的区别在哪里呢?前者看起来游刃有余,轻轻松松;后者看起来殚精竭虑,身心俱疲。这是因为前者抓大放小,抓主要矛盾放次要矛盾,而后者却事无巨细,被琐事缠身,无暇顾及其他。要想改变低效工作的局面,当务之急是全面分析公司的经营状况,深入了解公司的所有细节,只有以此为前提才能制订有效的策略,改善公司的经营状况,促进公司的发展。

很多公司的管理模式都存在问题,各种各样的部门之间存在效用重叠和互相牵制的情况,使得大多数部门都缺乏利润增长点,还有些部门出现了严重的亏损。只有用比较的方法,我们才能发现在众多部门中,哪些部门是不可或缺的,哪些部门是可有可无的。每年到了年末,就会有公司进行大量裁员,也借此机会大换血。当然,也有些公司并非如此,它们会根据公司的情况决定何时裁员,何时进行大的人事变动,从而避开了大多数公司的用人高峰期。

在企业的经营和管理中,绝大部分价值都是由少数人创造的,绝大部分利润也都是由少部分项目实现的。所以作为优秀的管理者,更是应该每时每刻都关注少数人和少部分项目,也要坚持把更多的时间和精力用于少数人和少部分项目上。至于业绩表现平平的大多数人和大部分项目,则要学会放权给相关的责任人,让他们借此机会得以历练,快速成长。

遗憾的是,很多企业家都还没有领悟二八定律的真谛,他们依然沿用陈旧的管理理念，在企业管理中事必躬亲，亲力亲为。正是这样的做法限制了企业的经营和发展，也限制了企业里出现更多出类拔萃的人才。此外，他们很少区分事情的主次和轻重缓急，虽然每天都精疲力竭，堪称最尽职尽责的老板，却依然不能带领企业走出经营的困境，创造巨大的利润。

仅仅流于表面地学习和认识二八定律，对于企业管理者来说是远远不够的。要想运用二八定律，不但要树立二八定律的管理观念，还要身体力行地把这些管理观念转化为行为习惯。如果说一定要来一场头脑风暴，那么对于大多数管理人员而言，最先进行的头脑风暴就是摒弃迂腐的思维模式，建立符合二八定律的思维模式，贯彻二八定律开展行动。

对于企业超乎寻常的快速发展，很多人都表示担忧。的确如此，企业的成长和个人的成长一样要遵循客观规律，一旦违背了客观规律，就会产生负面效应，引发严重的后果。这就使得我们必须先遵循先决条件，再运用二八定律，使二八定律对企业的经营和发展起到积极的推动作用。那么，运用二八定律管理企业的先决条件是什么呢？就是要拥有一个具有远见卓识且意志力非常坚定的领导人。在一切形式的组织机构中，只有权力才能凝聚核心的力量，也只有权力意志才能铸就企业的基本意志。作为领导人，必须拥有支配和掌控企业命运的强烈意愿，与此同时还要具备相应的能力。在带领企业谋求长远发展的过程中，领导人还要形成支配和控制社会财富的意愿。唯有这样的人才，才能在企业经营管理的过程中叱咤风云。

很多人都喜欢吃麦当劳，这样的连锁快餐企业最大的优势就是味道一如既往，不管我们是在中国吃麦当劳，还是在西方的某个国家吃麦当劳，熟悉的味道从来不曾让者失望。其实，麦当劳并非采取连锁经营的模式，大概有三分之二的麦当劳门店都是加盟店。所谓加盟店，意思就是由加盟人出资，并且承担管理门店与经营活动的责任的店铺。与此同时，他们还自负盈亏。那么，在此过程中，麦当劳负责做什么呢？就是考核门店的资质，为门店提供人员培训、管理模式和食材等。正是因为抓住了最重要的培训和供应食材等环节，麦当劳才能在最短的时间内大规模扩张。与此同时，统一的管理模式也让很多麦当劳加盟店看起来和直营店没有太大区别。

如今的商业社会中，很多品牌企业都会采取开设连锁店的方式扩大经营，这样既能在短时间内增开大量门店，也能够保证每一家门店都保持特色。在这样的经营模式下，有些品牌企业快速扩张，有些品牌企业却失败了。这是因为前者做好了20%的核心工作，而后者却没有做好20%的核心工作。

作为品牌企业的首脑部门，除了要保证每一家门店都有一致的风格与特色，也要保证每一家门店都为顾客提供优质的服务和产品，还要致力于吸引投资者，让投资者能够尽快决定投入大量资金，增开门店。做到这一点的唯一秘诀在于，要给予投资者更多的利润和权益。通常情况下，品牌企业采取二八定律分配利润和权益，即自己拥有80%的利润和权益，而对方只拥有20%的利润和权益。但是，如今有些成功地以连锁经营模式迅速占领市场的品牌企业则反其道而行，即自己只占20%的利润和权益，而让对方占有80%的利润和权益。可想而知，这种分配利润和权益的模式极大地吸引了投资者，使越来越多的投资者投入大量资金，开设连锁门店。在享受80%的利润与权益的同时，投资者也承担起更多的风险和责任，这极其有利于加强对投资者的管理，可谓一箭双雕。

不可不知的管理规则

二八定律不但有利于增强公司的营销效果，也有利于公司的利润分配，最重要的是，还会对公司未来的发展起到重要的引导作用。在常规的商业经营模式下，很多人都存在误区，即认为自己创办的公司和带领的团队都已经拼尽全力去生存和发展了，而且自己的公司和团队生产的产品，也已经在市场竞争中获得了最好的表现。正是因为拥有这种错误的想法，很多人都裹足不前，不愿意继续突破和超越自我，也就不可能带领公司和团队再创新高，或者在新领域中谋求发展。

不管是对于个人而言，还是对于企业而言，创新都是有效手段。对公司来说，能否坚持创新将会决定其在激烈的市场竞争中的表现。从这个意义上来说，公司和个人都很有必要克服错误的观点，这样才能做到坚持创新，推陈出新。

深谙二八定律的人很明确地意识到，在激烈的市场竞争中，20%的公司获得了80%的利润。要想在同行业的竞争中脱颖而出，在日益激烈的竞争中稳稳占据优势地位，我们就要想方设法地带领企业发展壮大，成为占据20%之列的优质企业。继而，我们才能找到获取80%利润的方法，也才能清楚地意识到自己应该做些什么，又可以做些什么。

虽然人们常说三百六十行，行行出状元，但是，在各行各业中，不可否认的是，制药业和房地产是拥有高额利润的产业。那么，相比这两个行业，其他行业为何无法创造和获得高额利润呢？这是由行业的经营模式决定的。即使是在行业内部，各家公司的利润也是不同的。公司20%的做法，决定了他们能否赢得80%的客户。如今，越来越多的企业注重打造品牌形象，形成企业文化，凝聚企业精神，其目的正在于此。很多企业在家国大义和企业利益面前，总是毫不迟疑地选择家国大义。

作为企业，一定要重视分析管理规则。近些年来，很多职业经理人和专业管理者都通过各种渠道参与培训，提升自己的管理素养，增强自己的管理技能。在坚持学习的过程中，他们形成了分析意识，不再茫无头绪地对待管理工作，而是会对管理中的所有问题和现象进行系统地分析。正是通过这种分析方式，他们才能发现管理的规律，找到管理的有效手段。古往今来，在人类的很多活动中，分析都是不可或缺的。如果没有分析，人类就不可能成功地登上月球；如果没有分析，一个国家就无法在战争中获胜。同样的道理，分析对于管理工作也是至关重要的。即便如此，管理人员也不要过于依赖分析，因为分析不是万能的，更不能马上解决所有问题。有些企业选择了错误的分析方向，导致分析的结果非但不利于企业发展，反而使企业陷入困境，举步维艰。例如，有些咨询公司极其不负责任，根据不符合实际情况的调查问卷得出错误的结果，又把结果提供给需要的企业,使企业的重大决策出现严重失误。虽然现代社会提倡分工合作,一家企业很难亲自进行市场调研活动,而会把这项重要的工作承包给下游企业,但是企业必须严格把控调查的过程,这样才能保证调查的结果是可信的,也是值得借鉴的。

当然,分析不能解决所有的问题,在面对某些问题的时候,分析也会束手无策。举例而言,一家公司开发了一种全新的产品,在把产品投放市场之后取得了很好的销售业绩。很快,另一家公司也跟风生产同类型产品,并且大张旗鼓地上市。最终,另一家公司凭着强大的销售渠道赚得盆满钵满,迅速占领了市场,这使得最初推出新产品的公司反而被压制。再如,有些公司因为一些小事情得罪了维持已久的大客户,这就需要以高情商解决问题,或者给予合作伙伴更多的利润,而无法只靠着分析就解决问题。总之,对于很多问题,哪怕分析得很周全精密,还参考了大量资料,都无法从根源上解决问题。更糟糕的情况是,在少数情况下,企业因为沉迷于分析而迷失了方向,不能坚持以大格局发展。

总之,世界上从来没有绝对完美的人和事,也没有绝对值得依赖的方法。作为企业,切勿盲目迷信分析,也不要总是试图以分析为手段解决问题。要记住,分析只是手段,而不是最终的目的,所以我们要坚持二八定律,以分析为手段解决问题。与其白白浪费时间和精力,不如相信自己的直觉,直指问题的关键所在。例如,企业可以反思到底是哪个环节出现了意料之外的问题，提供怎样的服务才能真正让顾客感到满意，等等。我们与其盲目地努力，不如找准目标，明确方向，让20%的努力发挥最强大的效果；我们与其苦苦思索事情为何出现眼下的情况，不如反思自己的哪些举措是有用的，哪些举措是无用的；我们与其为了80%的无用事物辛苦和忙碌，不如为了20%的有用事物拼尽全力……当坚持运用二八定律分配自己有限的时间和精力，侧重于做好20%的事情时，我们就理解了管理的含义，也掌握了管理的精髓。

运用二八定律管理质量和库存

对于任何企业而言，质量都是生存的底线，库存则决定了企业的整体运营情况。如果能够为顾客提供优质的产品，就能够赢得客户的喜爱，与客户达成交易；如果能够保持合理的库存，那么企业的经营活动就会有更大的弹性空间，也就能够从容自如地应对各种情况。在企业的经营管理中，二八定律最早被应用于质量管理。很多质量管理大师都曾运用二八定律，包括大名鼎鼎的戴明和朱兰。

从本质上而言，质量运动是一场改革运动，主要是以统计和行为技术作为手段，并坚持投入比较低的成本，最终达到提高产品品质的目的。质量管理的终极目标就是实现产品的零缺陷。如今，很多企业生产的产品都实现了零缺陷的目标，这大大降低了企业的生产成本，也提高了企业的口碑，使企业赢得了消费者的信任和青睐。从某种意义上来说，质量管理更是一种重要的动力，它使人们的生活水准上升到一个更高的水平。

每年夏天，鲜丰水果店就变成了西瓜专卖店。和大多数水果店都会增加水果的种类不同，鲜丰水果店的经营思路很清奇。店主会与西瓜种植户联系，甚至承包一大片西瓜地。因为每个西瓜都是从田间地头精挑细选的，所以西瓜的品质特别好。盛夏来临，骄阳似火，大多数人对于水分不够充足的苹果、梨子等水果都不感兴趣，只喜欢吃鲜甜多汁的西瓜。因此，西瓜的销量很大。不但老顾客每天都会来店里购买西瓜，老板还会特意切开几个西瓜送给路过的行人品尝。渐渐地，周围的人都知道鲜丰水果店的西瓜特别好吃，一传十，十传百。起初，鲜丰水果店一天只能卖一车西瓜，后来，鲜丰水果店每天都要卖两三车西瓜。

众所周知，西瓜很好存放，哪怕当天卖不掉，放到第二天也不会影响品质，这与其他水果不利于保存的特点形成鲜明对比。整个夏天，只靠着卖西瓜，老板赚取了平时三倍的利润。有了稳定的客户群体和供给西瓜的种植户之后，鲜丰水果店每年的西瓜都能热卖。

不得不说，这个店主非常聪明。他知道夏天到来时西瓜是最畅销的，因而决定利用此前积累的客户群体销售西瓜，又采取了各种方式拓展新客户。和费尽心思销售各种品类的水果相比，重点销售西瓜既降低了资金的投入，又打出了属于自己的西瓜招牌，还降低了损耗，可谓一举三得。就像有些餐馆每当到了夏天就主打小龙虾和烧烤，等到夏天之后又开始卖各种各样的小吃一样，这都是深谙零库存经营之道的精明生意人做出的明智选择。

不管经营的规模是大还是小，对于任何企业而言，良好的库存管理都是至关重要的。随着企业的数量不断增多，在全球范围内，产品种类越来越丰富，产品的数量也持续增多。这直接导致市场竞争日益激烈，很多企业为了应对瞬息万变的竞争情况，必然要提前生产出大量产品储存起来。遗憾的是，有些存货面临着滞销的困境，很有可能永远也卖不掉。从长远来看，企业必须搞好库存，才能拥有良好的现金流，也才能创造更大的利润。有些企业因为不能处理好库存问题，在经营方面时常陷入困境，使得企业发展得非常艰难。

库存管理可以检查企业内的现金流量或利润，也可以反映公司在经营方面潜在的问题。面对库存管理，我们也可以运用二八定律。通常情况下，只有极少数库存产品能够为企业创造20%的利润，而绝大部分库存产品只会消耗企业的人力和物力，还会占用企业宝贵的现金流，很难为企业创造利润。

如果对于企业的库存情况没有概念，那么我们不妨以批发超市为例。在一家批发超市中，20%的商品只占当天出货量的75%，这意味着该批发超市的大部分利润都是由这20%的商品创造的，剩下的80%的商品只占当天出货量的25%。这说明只有少数客户订购了这些商品，所以这些商品的周转率和利润都很低。再以普通超市的库存情况为例，就会发现情况更是令人震惊。对于普通超市而言，只有0.5%的商品占当天出货量的70%，这意味着0.5%的商品所创造的利润远远高于剩下的99.5%的商品。要想提高资金的周转率，减少库存，就要根据这些代表比例的数字对库存货物进行调整。例如，减少储存那些出货慢或者利润低的货物，还可以撤销那些极少有顾客购买的货物。与此同时，还要把出货率高的货物摆放在仓库里最好的位置上，从而方便出货和上货。

很多杰出企业的库存管理系统一直在对最重要的20%的顾客表示关注，他们只经营单一的产品，且以单纯的方式进行货物配送。最终，他们以某种产品或者极少数产品获得了极大的利润。也有些企业巧妙地把库存管理的成本转移到供货商身上，甚至转移到顾客身上，真正实现了零库存。这么做尽管降低了利润率，却因为销售额的增加而提升了整体的利润，可谓成功。总之，现代企业越来越善于运用信息技术，也有了更为成熟的物资配套体系，所以实现零库存管理指日可待。

80%的质量问题和20%的瑕疵

正如前文所说的，几乎所有公司都面临着退货的问题，这也是大多数公司急需解决的问题。因为当产品面临退货、返修或者换新，就意味着后期的成本很高，甚至有极少数产品因为频繁的售后，导致利润全无，甚至还会产生亏损。正因如此，所有企业都意识到质量问题的重要性。经过研究，朱伦发现80%的质量问题都是因为20%的瑕疵导致的，这个发现使企业受到极大的启发，原本对质量把控感到茫无头绪的他们，仿佛一下子找到了方向。

很多企业成立了专门的部门去分析那些遭到退货的产品，发现正如朱伦所说的那样，退货问题并不是众多因素导致的，而且退货造成的损失分布是不均衡的。很多时候，哪怕不合格的产品只占少数，也会导致大量产品遭到退货，这就使企业更加关注质量管理。虽然在现代的商品社会中，众多企业已经克服了产品缺陷的问题，但是在若干年前，实现产品零缺陷的难度还是很大的。

绝大多数企业都很难攻克所有的瑕疵，那么就要集中力量寻找和明确"关键少数"瑕疵的来源，这样才能集中全力攻克重要瑕疵。相比之下，把所有问题都摆在桌面上，列入日程表中，只会让整个过程进展艰难，也让整个企业举步维艰。以二八定律为指导，只需要弥补20%的质量管理缺失，就可以起到决定性的作用，使企业轻轻松松地获得80%的利益。打个比方来说，这就像是两军交战，当战争进行到白热化阶段时，要想攻占敌人的至高火力点，使总攻得以顺利进行，就必须集中兵力。哪怕是在弹药储备有限的情况下，也要把大量弹药和人力用于攻坚克难，因为唯有拿下敌人的最高火力点，才有可能获胜。对于企业而言，也是同样的道理。唯有攻克20%的瑕疵，才能让质量管理更上一层楼，也才能在很大程度上降低退货率，增加利润。

在质量管理上，福特电子公司致力于分析费用最高的生产环节，并利用生产线分析制造周期，由此一来就实现了零库存。众所周知，大量的库存会占用公司的流动资金，而在零库存的情况下，不但资金可以名副其实地流动起来，而且能大幅度缩减制造时间。例如，福特公司在零库存的情况下，制造时间缩短高达90%。作为分析的主要对象，再加上制造周期的分析也是直接利用产品线来完成的，如此一来，就减少了90%的制造时间。这意味着福特电子公司的运转是很迅速的，周转效率极高。

在企业经营的过程中，很多管理者都忽略了质量管理。其实，提升产品的品质不但是降低成本的有效方式，而且能够大幅度提升顾客的满意度。对于企业而言，唯有把握质量这条生命线，才能在激烈的市场竞争中更好地生存下来，也才能从同行中脱颖而出，赢得消费者的信任和青睐。

　　质量管理革新在20世纪中叶至末期取得了显著进展，其中戴明和朱兰是这一领域的关键人物。戴明是统计学家，朱兰是电子工程师。早在第二次世界大战之后，他们就提出了关于质量管理的各种理念与理论，遗憾的是，美国的所有公司对此都毫无回应。与美国的整体反应截然不同的是，日本对于质量管理很感兴趣。为此，在20世纪50年代，戴明和朱兰移居日本。在他们齐心协力之下，日本的质量管理有了大幅度的提升。在此之前，日本的产品质量低劣；在此之后，日本能够生产出高质量的产品，生产力也获得了提升。

　　后来，日本生产的影印机和摩托车在投放美国市场后广受欢迎，这使得美国的很多企业都开始关注质量管理。与此同时，其他西方国家的很多公司也日渐重视质量管理。到了20世纪70年代，戴明和朱伦带领团队致力于传播西方国家的质量标准，这种有效的举措极大地提升了西方国家的质量水准。

　　朱兰非常信奉且一直遵循二八定律，他认为二八定律的本质就是"关键少数规则"。他认为很多企业都面临的退货难题并非由很多因素导致，而在很大程度上是由只占极少数的产品缺失造成的。在采取统计学的方法控制品质的过程中，朱兰一直坚持运用二八定律，最终找出了导致品质问题的重要因素。他主张20%的瑕疵是导致80%品质问题的关键因素。正是在这种观念的影响下，很多企业都开始仔细判断只占20%的瑕疵是什么，并致力于解决这些瑕疵。正是在戴明和朱兰的带动下，二八定律才成为品质控制领域的重要原则。

毫无疑问,要想消除20%的瑕疵并不是一件容易的事情,虽然这能够使企业获得80%的利润,但是这也要求企业必须进行突破性的改进。举例而言,一家企业主要生产新科技蒸锅,并不是用传统蒸锅以煮沸水蒸煮食物的方式,而是采用外置水箱,十秒钟就能出蒸汽,这样就大大缩短了做饭的时间,也使得沸水不至于被反复利用。这样的新蒸锅获得了很多年轻客户的青睐,然而,它们也存在一个问题,即接水盘设计的容量不足。这使得原本可以蒸60分钟的蒸锅,只能蒸30~40分钟,还会出现接水盘里的水溢出的情况。此外,因为技术不成熟,很多新科技蒸锅都会出现各种故障,使得返修、换新和退货的概率大大提高。为了彻底解决这样的情况,对于蒸锅的微小瑕疵,企业无须过度关注,而是要集中力量攻克主要瑕疵,如接水盘容量小、蒸锅在工作过程中突然断电、不能预约等。这些问题才是最影响顾客使用体验的。只有解决这些问题,因为蒸锅质量问题导致的返修、换货和退货的成本才会大大降低。此外,高质量将会让顾客口耳相传,使得更多人选择新款蒸锅。尤其是在电商销售平台上,很多顾客都会给出使用的感受和评价,这将会对新客户产生极大的影响,甚至影响新客户的购买决策。由此可见,突破性的改变非常重要。

很多世界知名企业都运用了二八定律进行质量管控,例如福特电子公司运用二八定律进行质量管控,坚持零库存,最终赢得了辛戈奖。不仅质量和库存方面需要运用二八定律,在产品的设计和研发上，运用二八定律同样会让我们有惊喜的收获。很多公司总结了开发的经过，发现开发的20%的时间，就消耗了高达80%的研发经费。这意味着在整个研发过程中，这20%的时间是最有价值和意义的。

比起复杂，单纯更占优势

和复杂相比，单纯是更占优势的，所以切勿小瞧单纯的生产和经营模式。一则，单纯的生产和经营模式更能够凝聚力量，提高专业化程度；二则，单纯的生产和经营模式更能够集中人力，致力于在某个领域进行深耕。与其蜻蜓点水面面俱到，不如集中全力做好专业化，成为某个领域或者某个行业的引领者。

有人说，经理人只有在应对复杂的情况时，才会感受到工作的乐趣，为此很多经理人都希望情况越复杂越好。这样的说法尽管有哗众取宠的嫌疑，但是事实却是不容争辩的，即很多经理人都习惯于把简单的问题复杂化。在习惯的强大作用下，他们并不觉得自己是在这么做，或者即使意识到自己有复杂化的倾向，也并不觉得不妥。

在很多企业里，经营者和管理者都喜欢庞杂的程序。尤其是在公司的规模发展壮大之后，大多数管理者都盲目地把公司的经营和管理流程变得复杂。这么做的结果是公司的利润空间被更多的成本削减，原本盈利状况良好的公司开始面临经营困境。这些管理者一定忘记了至关重要的一点，即麻烦才是复杂的根源，而麻烦必然导致各种各样的问题。

既然二八定律为我们揭示了企业经营的真相，即企业80%的利润都是由20%的产品创造的，那么我们为何还要致力于生产80%的产品，难道只为了拥有20%的利润吗？很多管理者都顾虑重重，这使得他们无法下定决心割舍掉只能创造微薄利润的80%的业务。他们的理由是正当的，而且非常充分：80%的业务尽管只能创造微薄的利润，却能够保证公司的日常开支。显然，我们不能削减80%的日常开支，否则公司就不能以20%的产品创造80%的利润。这么说很像绕口令，却表明了管理者的担忧。

面对管理者的充分理由，即使专业水平很高的企业分析师也很难说服他们。当然，这并非意味着管理者无视了各种问题的存在，他们往往会在精打细算之后决定抽出大量时间和精力解决那些问题最严重的业务，而只以很少的时间和精力解决那些虽然能够为企业创造高利润但是问题并不严重的业务。毫无疑问，管理者失去了理性，在情感上做出了妥协。他们这种不理性的工作安排，使企业进入了更加艰难的境地，仿佛陷入了泥沼无法挣脱，也让企业成长和进步的脚步越来越缓慢且沉重。长此以往，企业必然面临亏损，经营状况会越来越糟糕，甚至有可能面临破产的困境。

从理论的层面上进行分析，和那些市场占有率低且利润空间小的小型厂商相比，那些市场占有率高且利润空间大的大型厂商，应该会凭借高额的利润获得更好的成长和发展。其实不然。在竞争激烈的市场上，小厂商总是抢夺大厂商的市场，大厂商尽管提高了销售额，却面临着资金回收困难的困境。和大厂商僵化的经营模式相比，小厂商的经营模式更加灵活。最终，大厂商尽管在规模方面占据优势，却因为经营模式的劣势输给了单纯的小厂商。这一切都告诉我们，复杂如同沉重的包袱，让大厂商面临经营困境，而单纯则给小厂商带来便捷和灵活的经营模式，让小厂商不断地发展壮大。

企业要想谋求生存和发展，一味地扩大规模是不行的。如果没有认识到单纯比复杂更有利的真相，只顾着发展扩大，那么渐渐地就会如同僵化的大虫，无法应对瞬息万变的市场情况，更不能在第一时间就顺应市场的需求，调整生产的规模。复杂的代价是沉重的，很多大厂商都无法承担。既然如此，在扩大规模的同时，大厂商就要继续坚持单纯的经营路线，即使扩大了生产规模，也要继续整理生产和经营的方方面面，使它们保持清晰的状态。唯有如此，才能在扩大规模的情况下增加利润。

作为大厂商，切勿盲目地开发新产品，也不要不进行市场调研就为顾客提供新服务。如果原有的产品和服务已经能够创造高额利润，那么研发新产品和提供新服务就必须慎之又慎。很多大厂商在研发新产品或者提供新服务之后，仿佛进入了利润的黑洞，被吞噬利润，导致元气大伤。在大多数情况下，要想获得惊人的利润，就要坚持单一且成熟的业务。

一家企业的生产能力是有限的，盲目扩张分公司必然会分散精力，也会导致现有的产品质量下降，服务质量堪忧。真正明智的企业经营者会集中精力做高利润的事情，也更加关注于满足顾客的需求。坚持这么做不但能够提升产品的价值，还能够降低企业的经营成本，优势不言而喻。毋庸置疑，只有那些规模宏大，但是坚持以单纯为原则进行生产和经营的企业，才能创造惊人的利润。

第三章

运用二八定律,保障人力资源

在企业的经营和运转中，人力资源是最重要的。人，是一切之本，也是企业发展的根本和关键所在。二八定律不但适用于商业经营、质量和库存管理，也同样适用于保障人力资源。在进行人力资源管理的过程中，我们一定要深入透彻地理解二八定律，并恰到好处地运用二八定律。

把握最重要的人力资本

在运用二八定律进行人力资源管理的过程中，最关键的步骤在于发现重要的人力资本。在不同规模的企业中，员工的数量是不同的。有些企业规模宏大，组织机构庞杂，就更加需要大量的人力投入。有些企业规模比较小，组织机构比较精简，但是这并不意味着小规模的企业中没有浪费人力资本。从二八定律的角度进行分析，我们会发现少数关键人物决定了企业的发展和效率。通常情况下，少数员工占企业总人数的20%左右。他们会为企业创造巨大的价值和利润。除他们之外的其他员工虽然人数众多，为企业创造的利润却是很小的。

通常情况下，大多数人都认为绝大多数员工为企业的发展做出了巨大的贡献，其实，这样的观点是错误的。仅从表面来看，绝大部分员工每天忙忙碌碌，但实际上他们的效率低下，为公司创造的利润更是少得可怜。比起他们，那些真正为公司创造巨大利润的员工数量比较少，他们看似默默无闻，其实正在拼尽全力推动公司的发展和成长。

要想运用二八定律开发人力资源，当务之急是在所有员工中找到最重要的人，尽管他们只占20%左右，但是他们是不可或缺的，也是企业的中流砥柱。为了顺利找到这些关键人物，我们要运用二八定律对企业进行全面的分析。例如，要分析产品或者产品群，要分析顾客和顾客群，要分析不同的部门和所有的员工，要分析地区销售情况和渠道销售情况，还要分析企业员工的所有资料。只有面面俱到地对企业进行深入分析，我们才能意识到在所有员工中，有一部分员工是非常重要的，也是不可取代的，也才会发现绝大多数人在企业发展的过程中只起到了不值一提的作用，可有可无。

当清楚地认识到所有员工对于企业而言存在的价值和意义，那么我们就可以运用二八定律管理企业的人力资本，这么做能够大幅度地提升人力资本在组织结构中的使用效率，也能在进行人员分工与合作的过程中起到一加一大于二的作用。作为管理者，拥有的权力是有限的。如果管理者有权力构建新的规章制度，那么人力资源管理的改革就会水到渠成。反之，如果管理者没有权力构建新的规章制度，那么就不得不以正在执行的规章制度作为前提和基础，审时度势地选择合适的部门运用二八定律。对于实现组织目标，这同样是大有裨益的。

那么，我们如何才能发现至关重要的20%的员工呢？如果不能顺利地找到他们的踪迹，那么还有一个反其道而行的方法可以使用，即发现公司内部只能做出微小贡献的普通员工。那么，除了这些普通员工，剩下的要么是庸才，要么就是人才。在庸才和人才的阵营里找出真正的人才，这当然是轻而易举的。

与管理成本和营销成本的准确明晰不同的是，人力资本是无形的，既看不到，也摸不着。管理者必须成为伯乐，才能慧眼识人，找出那些能够真正为公司作出贡献的人，找出那些能够在危急时刻力挽狂澜和公司同进共退的人。为了找到优质的人才，很多企业不惜花费巨大的成本，冒着招聘新员工失败的风险，还要承受因此而导致的损失。可以说，每一家企业最大的心愿就是网罗天下英才为自己所用。一般情况下，企业越是要招聘高职位的人才或者精英，就越是要冒着巨大的风险，承担巨大的成本。例如，有些企业会委托专业的猎头公司，招聘企业的高级管理人才。这么做需要付出昂贵的代价，通常，企业在通过猎头公司得到优质人才之后，要以该人才年薪的25%作为报酬，支付猎头公司的服务费用。即便如此，只要能够找到真正的人才，企业也是很愿意与猎头公司合作的。毕竟比起企业，猎头公司在寻找人才方面更专业，也有更为广泛的信息途径。

毋庸置疑，招聘重要人才对所有企业都是至关重要的。在招纳贤才之后，企业接下来要做的就是学会用人。有些经营者不善于运用人才，使得各种人才如同一盘散沙。有些经营者则很善于运用人才，总能做到物尽其用，而且能够采取一定的措施和手段，让所有人才拧成一股绳，组建成优质高效的团队。唯有如此，才能人尽其用，也才能为人才提供更为广阔的天地施展才华。三国时期，刘备无疑是知人善任的典范。在他的带领下，所有人都能发挥自身的所长，又能凝心聚力、团结一致。相比之下，曹操则因为疑心病重、戒备心强，很难留住人才。

在企业内部建立优秀的团队是很重要的，所谓团队，指的就是所有的团队成员都能敞开心扉，贡献出属于自己的力量，以团队的目标为先，暂时放下个人的目标，集中所有的力量为实现团队的目标而努力。一个紧密团结的团队能够产生巨大的力量，这股力量远远比所有团队成员的力量之和更强大。随着经济全球化，竞争环境也更明显地具备了国际化的特征，因而针对社会经济活动，更是要以团队工作作为主要的工作方式。任何人、任何企业都不可能脱离团队单打独斗，否则注定失败。

对于组织机构而言，各种内在因素和外在因素都作为变量，改变和影响它们的生存与发展。对于企业而言，决策、管理和创新无疑是至关重要的三个环节，因此就要在这三个环节中发扬团队精神，以团队工作为主，发挥每一个团队成员和整个团队的力量。唯有坚持这么做，我们才有可能获得成功。那么，如何才能形成优秀的团队呢？在明确关键人物后，接下来最重要的就是投资关键人物，培养关键人物。

为了维护组织权益，可以采取很多方式与关键人物形成合作关系，例如签订劳务合同明确聘用关系，以技术入股的方式挽留真正的人才，采取优胜劣汰的淘汰机制大浪淘金，建立完善的管理制度，奖罚分明等。总之，不同的企业有不同的方法开展人力资源管理工作，随着工作的推进，我们还要以管理的效率和效果作为评判标准，及时调整人力资源管理的模式和方法。

学会放手和授权

一个人即使能力再强,也不可能在所有领域和专业中都成为精英人才。每个人的能力都是有限的,这种局限或者是先天的,或者是在后天的学习和成长的过程中形成的。古今中外,无数成功人士的经验告诉我们,一个人必须具备慧眼识人的能力,才能发掘更多优秀的人才为自己所用,也才能获得真正的成功,成为某个行业或者领域的专业人才或领袖人才。例如,每当说起爱迪生,大多数人脑海中马上就会浮现出爱迪生穿着白色大褂,在实验室里埋头于实验的样子。其实,爱迪生从来不是单打独斗的,他有很多优秀的助手,辅助他进行各种实验。正因如此,他才能发挥创新能力,成为电灯之父,也成为发明大王。

有些企业的发展陷入了困境,仿佛一潭死水,没有希望。归根结底,是因为企业的管理制度和激励机制出了问题。例如,企业采取吃大锅饭的方式,使所有员工不管是否努力都得到同样的回报,如此一来,那些努力勤奋的员工就会心理失衡,那些投机取巧的员工就会变本加厉。毫无疑问,优秀者的满腔热情和激情都会渐渐消耗殆尽,而平庸之辈却过得很惬意,心怀侥幸,继续浑水摸鱼,滥竽充数。企业要汲取这些企业的经营教训做好管理，就必须抓住关键的项目、岗位、人才和资源等。换言之，管理者要集中时间和精力，更加关注20%的重要人物，让这些人物为企业的发展创造更多利润。如果本末倒置，把更多的时间和精力用来管理绝大多数平庸者，反而忽视优秀者，那么渐渐地企业里就不会再有优秀的人才，而只有平庸之辈。

在心理学领域，有一种效应叫领头羊效应，意思是放牧羊群时无须驱赶每一头羊，只要管好领头羊，其他羊就会乖乖地跟着领头羊走。其实，人力资源管理也是同样的道理。管理者只要管好20%的关键人物，他们就能起到领头羊的作用，给平庸者树立正面的榜样，起到积极的作用。这样一来，自然能够提高企业效率。

在管理人才时，还需要注意，管理者无须凡事都亲力亲为。管理者的时间和精力是有限的，所处的职位越高，所要操心的人和事情也就越多。在这种情况下，如果事必躬亲，那么必然会导致时间和精力都不够用，长此以往还会感到非常疲惫，顾此失彼。作为管理者，一定要学会授权和放权。例如，根据下属的不同才能，给予他们相应的机会。对于那些能力比较强的下属，更是要给予他们更多的权力，让他们有更大的空间发展。管理者还要有容人之量，不要对下属吹毛求疵，既要看到下属的优势和特长，也要包容下属的劣势和短处，既要做到任人唯贤，也要做到用他人之所长。

随着企业的规模不断发展壮大，经营管理工作也会变得越来越复杂。在企业规模小的时候，管理者也许会时刻紧盯手下的人才，等到企业规模变大的时候，管理者就要学会培养左膀右臂，这样才能把自己从各种琐事中解放出来，腾出时间和精力为企业制订发展规划，为企业的成长保驾护航。有些企业的老板本身文化水平不高，但是他们却舍得花费重金聘用优秀的人才，也愿意给予优秀人才丰厚的报酬和广阔的平台。这就有效地弥补了他们的弱势，使他们在带领企业发展的过程中得偿所愿。

古人云："水至清则无鱼，人至察则无朋。"这句话告诉我们，在特别清澈的水里，鱼儿很难生存，特别明察秋毫的人是没有朋友的。企业经营也是同样的道理，企业就像是水，所有的人才都是鱼，既要依赖水生存，也与水相互依存。管理者就像是明察秋毫的人，但同时还要学会装糊涂。正如郑板桥所说的，难得糊涂。

在企业不断发展壮大的过程中，很多管理者都面临着困境。原本，企业规模小，他们从事管理工作游刃有余；现在，企业规模越来越大，他们从事管理工作则显得力不从心，甚至无从下手。家大难当，管理者不但要有很高的智商和情商，还要深谙管理的智慧，发挥管理的艺术，才能把管理工作做得更好。

需要注意的是，管理者切勿大权独揽，否则距离成为孤家寡人也就不远了。真正优秀的管理者能够培养出可用的下属，也能够调动下属的积极性，使下属全身心地投入工作之中。在培养下属的过程中，不要总是说那些大而无当的话，而是要给予下属切实可行的建议，引导下属把工作做得更好。对于不同的下属，一定要"区别对待"，例如重重奖励那些有功的下属，对于犯了错误的下属，则要给予批评甚至惩罚。做家长要恩威并施，宽严并济，做管理者也是如此。

当管理者真正领悟了二八定律的精髓，就会拥有大视野和大格局，就会把重心放在20%的重要员工、重要产品、重要客户、重要项目等方面。由此一来，管理者就会从手忙脚乱到从容不迫，就会从眉毛胡子一把抓到井井有条。当管理工作步入正轨，开始良性循环，管理者给予下属更多的权力时，下属也会以优异的表现回报管理者。当实现这种理想的状态之后，管理者就会从烦琐的事务中脱身，只需要约重要的客户喝茶、打高尔夫，或者陪伴家人四处旅游就好。实现这种理想状态的秘诀就在于，让合适的人做合适的事情，让合适的人拥有合适的权力。

很多人都知道，巴菲特是投资之神，创造了很多投资的神话，但是，巴菲特并不像大家所想的那样把所有时间都用于工作，反之他拥有轻松惬意的生活，每个星期都能抽出时间欣赏至少两部电影。作为微软帝国的缔造者，比尔·盖茨更是很多人心目中神一般的存在，和那些每天都忙于工作的打工者相比，他常常去世界各地旅行，生活可谓闲散舒适。从这些成功者的经历中我们不难看出，只要抓住至关重要的20%，就相当于抓住了成功的命脉。反之，如果经营者总是不愿意放权，那么不但会导致自己身心俱疲，心力交瘁，而且会导致员工缺乏工作的积极性，也没有工作的热情。从这个意义上来说，坚持二八定律管理企业的核心在于有所为，有所不为。

在放权和授权的过程中，需要注意，一定要责权分明。在很多企业里都存在责权不明确的情况，或者是部门与部门之间的责任和权力划分得不够清楚明确，或者是员工与员工之间一旦有责任需要承担，就互相推诿和扯皮。只有责权分明，才能有效避免这种情况；也只有责权分明，才能让授权和放权得以长期贯彻和执行。

提携得力干将

一根筷子轻易就会被折断，十根筷子捆绑在一起，就很难被折断。同样的道理，一个人的力量是有限的，每个人都要如同一滴水融入大海一样融入人群之中，才能拥有更加强大的力量。人是社会性的动物，每个人都是社会生活中不可缺少的一分子。这决定了人的群居属性，没有人能够完全与世隔绝、离群索居。人与人之间的关系就像一张错综复杂的大网。曾经有社会学家提出，每个人只需要经过六个人的介绍，就能认识自己想要结识的人。这说明人与人之间的关系是千丝万缕的，仅从表面来看毫无关系的两个人，只需要几经周折就能产生联系，这很神奇。由此也说明，每个人都需要依赖他人生活。正如《三个火枪手》中所说的，我为人人，人人为我。

当觉察到自身力量有限，且面对难以只凭自身力量完成的艰巨任务时，我们就需要寻求帮助。普通人寻求亲朋好友的帮助，而管理者则需要在平日里未雨绸缪地提携得力干将，这样在需要时才能得到左膀右臂的鼎力相助。每个人的学识、经验和能力都是有限的，对于那些难度较低的事情，自己也许就能轻松完成；对于那些难度较高的事情，则很难凭着一己之力完成。在这种情况下，就需要借助他人的学识、经验、能力，甚至是影响力来助力自己完成某些事情。

对于企业管理者而言，如果自身能够做到善于用人，又能让被用的人心甘情愿，那么就会爆发出强大的力量，在商业领域叱咤风云。对于任何人而言，单枪匹马都远远不如与他人精诚合作，以他人的长处弥补自己的短处，这样才能取得更大的成就，也才能节省自己的时间和精力，做其他更重要的事情。

例如，同样作为企业的创始人，你的能力是其他企业创始人的十倍，也就仅限于十倍而已。哪怕你充分发挥能力，在你的带领下，企业的规模和效能也顶多相当于其他企业的十倍。反之，如果你能聘用十名精兵强将，为你鞍前马后地效劳，全力以赴地和你打造优质企业，那么，你的企业规模和效能将会百倍于其他企业。可见，培养和提携得力干将有多么重要。

很多管理者担心聘用到劣质人才。所谓劣质人才，指的是人才的表现低于预期，或者是在用人的过程中发现人才有一些缺点和不足。对于这一点，管理者完全可以放下心来。事实证明，在所有人才中，哪怕是表现最糟糕的人才，也能够为公司创造价值和利润。换言之，比起雇佣这个人才后所创造的产值，企业没有雇佣这个人才时的产值必然更低。当然，不同的人才能够为企业创造不同的产值，这就是人才性价比高低之分的由来。

对于管理者而言，所有下属都像是潜藏着的宝藏，还没有充分发挥作用和价值。很多朋友都读过"毛遂自荐"的故事。当平原君需要带领二十门客出使楚国，说服楚国发兵援助时，毛遂当仁不让地进行了自我推荐，希望平原君能够让他作为随从。在此之前，平原君甚至不知道自己的门客中有毛遂这个人，也不知道毛遂有何才能和过人之处。这次出使楚国，毛遂的表现让平原君大为惊奇，他这才意识到自己居然有这么优秀的门客。管理者应该学习平原君，接纳门客的自我推荐，同时还要主动地擦亮眼睛，看看自己的下属中是否有可造之才和可用之才，是否有能够委以重任的人才。

作为管理者，最好不要高高在上，给下属以隔阂感和距离感。优秀的管理者对待下属很和善，常常会给予下属奖励，与下属和睦相处。但是，他们不是一味地逢迎下属。每当下属犯了错误，或者因为一时疏忽而给公司造成严重损失时，他们还会严厉地处罚下属。赏罚分明，是当好管理者的关键。

在提携下属的过程中，除了要给予下属机会发挥才能之外，还要让下属对自己忠诚。具体来说，提携得力干将可以采取以下几种方式。

第一种，升职。对于每一个职场人士而言，除了加薪，最开心的就是升职。当然，升职必然加薪，所以升职是比加薪更好的提携方式。需要注意，一定要给真正有能力的人升职。

第二种，调动职位。人尽其才，物尽其用，意思就是说只有把每个人放在合适的位置上，他们才能充分发挥自身的才能，起到最大的作用。反之，如果一个人擅长画画，却偏偏安排他去唱歌，那么无异于刁难。

第三种，放权。对于下属而言，如果只有相应的职位，却没有相应的权力，那么他们在工作的过程中就会束手束脚，非常憋屈，压根无法施展才华，开创宏图大业。放权，是对下属最好的信任和尊重，也能激发下属的动力和热情。

第四种，救人于危难。俗话说，夫妻本是同林鸟，大难临头各自飞。在危急关头，就连至亲至爱的配偶都未必靠得住，如果管理者能够挺身而出，为下属化解危机，那么在下属心目中的形象就会瞬间高大起来。平日里，也要设身处地为下属着想，这样才能真正打动下属。

第五种，良言一句三冬暖，恶语伤人六月寒。有些管理者豆腐心刀子嘴，哪怕本心是好的，也总会恶言恶语对待下属，这样怎么能与下属和睦相处呢？其实，哪怕是批评的话，也可以说得委婉。例如，在下属犯了严重错误时，以提出期望的方式鼓励下属继续努力，再接再厉；在下属受到严重打击的时候，给予下属各种支持。与其锦上添花，不如雪中送炭，这样的管理者才是优秀的管理者，也才能与下属之间建立固若磐石的关系。

俗话说，一个篱笆三个桩，一个好汉三个帮。古今中外，无数伟大的人物身边都有得力干将，所以他们才能大鹏展翅，翱翔长空。作为管理者，也要提前储备人才，提携得力干将，这样才能在得到助力的情况下，激发自身的潜能，实现伟大的理想和抱负。

团结协作,学会助力

要想培养出优质的团队,就要让所有团队成员团结协作,学会相互助力。很多团队,虽然成员人数众多,但是缺乏团结协作的精神,每个团队成员各自为政,为了保证个人的利益而不惜损害团队的利益,甚至与其他团队成员反目成仇。长此以往,必然削弱团队的力量。

在团队内部,如果每个成员之间能够敞开心扉,消除隔阂,精诚协作,那么整个团队的力量就会得以增强,而且远远大于所有团队成员力量的总和。这么做还有一个好处,那就是团队所有的成员都能获得助力,既增强自身的力量,也使团队的力量得以提升。这样既有效避免了团队成员的力量相互抵消,也使得团队成员扬长避短,取长补短,各自发挥优势,以他人的长处弥补自身的不足。

很久以前,有两个人在沙漠里迷路了。他们走了很远的路,却始终没有走出沙漠。随着时间的流逝,他们随身携带的食物和水越来越少,最终全都饥肠辘辘,奄奄一息。正当濒临死亡的时候,他们隐约听到远处传来海浪拍岸的声音。他们惊喜不已,用尽全身的力量支撑自己努力前行。走了半天之后,他们看见了大海。他们喜极而泣,情不自禁地揉了揉眼睛,生怕自己看到的一切都是幻象。

他们已经精疲力尽了，就慢慢地向前爬行。很快，他们感受到身下的沙子变得潮湿，忍不住激动地哭了起来。来到海边，他们好不容易才找到一汪淡水，急迫地喝了个肚饱溜圆。渐渐地，他们恢复了体力，开始想办法填饱肚子。然而，海边空无一物，他们无法下海捕鱼。这个时候，绝望的他们忍不住大声地祈祷："仁慈的上帝啊，你既然给了我们生的希望，就不要再残忍地让我们陷入绝望。请求你给予我们一条生路吧，我们只需要一点儿食物，还有捕鱼的工具。"

上帝真的听到了他们的祈祷，给了他们两条鱼和一根钓竿。看着少得可怜的两条鱼，两个人争执起来，每个人都想得到鱼，马上填饱肚子。最终，那个更加强壮的人如愿以偿地抢走了两条鱼，而那个更加瘦弱的人只得到了钓竿。很快，第一个人就吃完了两条鱼，而第二个人，还没有用钓竿钓到鱼，就已经被活活饿死了。

这两个人没有分工合作的意识，才会白白浪费了上帝赐予他们的求生资源。如果他们能够团结协作，一起分吃两条鱼，再用鱼的内脏作为诱饵钓鱼，那么他们非但不会被饿死，还能够钓到更多的鱼作为食物。此外，他们还可以发挥各自的优势，如擅长钻木取火的人负责把鱼肉烤熟，擅长钓鱼的人则负责钓鱼，擅长采集野果的人采集野果补充维生素，擅长挖掘的人还可以寻找地下是否埋藏着薯类植物。

总而言之，尺有所短，寸有所长。一个团队里哪怕只有两个人，也可以进行合理分工，各自发挥所长，承担自己擅长的工作。在精诚合作的过程中，要做到物尽其用，人尽其才，最大限度地发挥人和物的作用，创造最大的价值，实现最理想的结果。

现实中，很多团队尽管奉行公平协作的原则，却只是流于形式。例如，在分配物资时，真正的公平是按需分配，而不是按人分配。如果追求绝对的公平，给成年人和孩子分配同样多的食物，那么成年人可能吃不饱，孩子则可能吃不完。看似绝对的公平，本质上是不公平的。再如，两个人中，一个人擅长策划，一个人擅长执行，那么就要根据每个人的特长分配工作，让擅长策划的人做策划，让擅长执行的人坚持执行，这样才能取得最好的结果。在整个团队内部，唯有让所有的物品都起到最大的作用，让所有人都各司其职发挥最大的价值，才能让整个团队也发挥出强大的力量。

不管是人与人之间，还是团队内部的成员之间，都要寻求最优方案实现最大的利益，创造最大的价值。要想做到这一点，关键在于把握最重要的20%的物资、人力、关系等。最好的结果永远是双赢，一方获得最大的利益不是双赢，只有双方都获得最大的利益，才是真正的圆满。

你只需要留住最重要的员工

对于管理人员而言，要想打造优质的团队，带领团队成为整个企业的中流砥柱，就要想方设法留住最优秀的员工。这些最优秀的员工虽然只占少数的20%，但正是他们为企业创造了高达80%的利润。因此，只要留住最重要的员工，就相当于捍卫了企业的根基，也让企业能够长久地立足。

在一个销售团队里，虽然人数众多，但是大部分业绩都是由极少数员工创造的。这些员工或者有营销的天赋，或者有营销的经验，或者有丰富的人脉资源，或者从各种销售案例中获得了启发。因此，不管大的市场环境如何，他们都能排除万难做出业绩。从这个意义上来说，很多销售团队的管理者最重要的任务，就是想方设法地激励员工，使他们保持销售的热情和激情，继续留在团队中。只要能够留住这些顶级销售人员，整个团队的业绩就会稳步增长。此外，对于团队中的很多新人而言，他们也可以向经验丰富的销售人员学习，获得成长和进步。

在世界上的很多顶级企业中，不管是作为管理者还是作为经营者，都很明白这些占少数的顶级员工多么重要。作为微软帝国的创始人，比尔·盖茨曾经说过，如果有人挖走微软的经营团队，那么微软看似一时风光，却很有可能在一夜之间大厦将倾。这意味着就连比尔·盖茨这样的行业大亨，也必须依靠20%的重要员工，才能维持企业的良好运转和发展态势。

对于所有企业而言，留住关键人才，是保持可持续发展的前提。因为关键人才是企业的战略资源，也是创造企业价值的人。不管是专业人才，还是销售人才，都是企业的关键人才，都是不可或缺的顶梁柱。要想留住关键人才，只给予他们丰厚的报酬是远远不够的，还要让他们获得成就感，认识到自己的存在是有价值的，也是有意义的。一个人如果只是为了赚钱而工作，那么就很难长久保持良好的状态，也无法维系工作的热情和激情，更难以产生责任感与使命感。只有把工作当成证明自身价值的途径，并以工作的方式为社会作出贡献，工作的意义才会得到升华。

为了留住关键人才，很多企业都想尽办法，或者提供诱人的薪酬和良好的福利待遇，或者提供全方位的保障，或者承诺对方将会得到更大的发展平台。也有些企业果断地吸纳优秀人才作为股东，使优秀人才不再只作为打工者留在公司，而是有了新的身份，即公司的经营者。

如今，有很多人都面临失业的困境，也依然有不少优秀人才被猎头公司看中。对于他们而言，想要跳槽是轻而易举的事情，他们还可以以自身的技能与学识为筹码，通过与管理者谈判，为自己赢得更高的薪资待遇。有些优秀人才压根没有跳槽的想法，更不想换工作，也会成为猎头瞄准的对象。

对一家企业而言，顶尖销售人员的流失将会带来致命的打击。不管在什么时候，管理者都要尤其关注顶尖销售人员，因为销售人员不但有超强的销售能力，而且还有丰富的客户资源。在电视剧《流金岁月》中，杨柯在跳槽离开精言的时候带走了整个销售团队，这对于精言的老板叶谨言来说是沉重的打击。正是因为杨柯另立山头，精言才风光不再。不得不说，叶谨言本身就是非常优秀的企业家，否则也无法创立精言。但是在对待杨柯这件事情上，他显然疏忽大意了。

管理者要想留住顶尖的销售人员，不但要在金钱上慷慨大方，而且要关注销售人员的心理动态和情感动态，也要多多关心销售人员的家庭生活。这将会使销售人员意识到自己对于企业而言是非常重要的，在经营者的心目中也占据着不可替代的重要地位。销售人员在切身感受到经营者对自己的器重和赏识后，还会油然而生责任感和使命感，认可与接纳公司的经营理念。尤其是在公司遭遇危难的时候，他们更愿意与公司同进同退，风雨同舟。

很多企业在挽留重要员工的方面都有着传统举措，如在员工入职周年庆上对员工表示感谢，每个季度都表彰优秀员工。除此之外，经营者还会亲自感谢优秀员工对企业做出的贡献，也会在公司面临转型或者变革的重要时刻，征求优秀员工的意见。事实证明，这些举措都是卓有成效的，能够让优秀员工意识到自己很重要，也愿意继续留在公司创造价值。同时，经营者还要致力于打造良好的工作氛围，吸纳更多的优秀人才加入公司，从而让优秀员工强强联合，互相激励和促进。

　　当然，留住重要员工的最好方式，是提供更为广阔的平台，让他们继续创造优秀的业绩。例如，可以采取二八定律分析优秀员工的表现，知道优秀员工的业绩表现有何规律。有些经营者认为花费不菲的时间和金钱进行这样的分析和研究是没有意义的，事实却证明进行这样的分析和研究卓有成效。大多数优秀员工并非在所有的工作时间内都表现突出，而是会在20%的工作时间内创造80%的业绩。可以以此为依据对优秀员工展开专项训练，使他们保留在20%的时间里做出的突出表现，这样就能集中80%的时间帮助他们提升突出的表现，由此大幅度提高销售业绩。

第四章

运用二八定律,决胜商业谈判

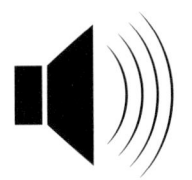

在商业领域中，大多数谈判都会产生分歧，继而展开讨论和争辩。事实证明，并非所有的问题都会成为谈判的焦点，只有20%的分歧会制造谈判焦点，从而引发80%的争论。人都有争强好胜的本能，尤其是在涉及与自身相关的利益时，更是会想方设法地说服他人。有些时候，只是因为一些微不足道的利益，谈判的双方就会争辩不休，互不相让。其实，与其为了不值一提的细节说得口干舌燥，甚至伤了和气，不如适时地让步，这样既能赢得对方的信任，也能让对方产生互惠心理，继而在更重要的方面对我们做出让步。

双赢才是终极目标

在谈判之前，我们要做好充分的准备，分析谈判的形势，这样才能把握最重要的20%，而不要把时间和精力浪费在无关紧要的80%上。例如，我们要在一次谈判中与对方针对十个项目达成共识，那么就要明确在这十个项目中哪些项目是最重要的，能够创造大部分利润，而哪些项目是无关紧要的，只能创造少部分利润。对于那些能够创造80%利润的20%项目，我们就要重点关注，在谈判这些项目时切勿掉以轻心，一定要分毫必争。反之，对于那些只能创造20%利润的80%项目，则无须分毫必争。为了赢得对方的信任，也为了表现出自己愿意退让的姿态，恰恰可以抓住针对这些项目进行谈判的机会，适时适度地让步。如此一来，既做出了让步，让对方感到满意，又抓住了大部分利润，捍卫了自己的利益，可谓一举两得。

再如，很多商业人士都为催款而感到烦忧，这是因为商场上的形势瞬息万变，有些人能够一言九鼎，遵守诺言及时付款，有些人却因为各种各样的原因而不能及时付款，不得不拖欠。当得知对方是故意拖延，或者有钱不付时，我们就要与对方进行谈判。但是，对方偏偏说自己时间有限，只有三点到四点才有时间见面，但是四点就要准时参加会议。面对如此紧急的时间安排，一定要把握好时间的节奏。在这一个小时里，前面80%的时间彼此都有可能是在故意拖延，说些无关紧要的话，只有在最后20%的时间里，才有可能形成决议。因而先不要急于说出自己的要求，也不要随随便便做出让步。因为过早地提出自己的要求，有可能使对方有更多机会辩解或者敷衍。只有在最后20%的时间里提出真正的要求，才能迫使对方在结束之前达成共识。这是谈判的时间技巧。事实证明，在谈判的后20%时间里，对方将会做出80%的让步，最终达成80%的共识。这是因为时间所剩不多会给双方造成巨大的压力，使双方都情不自禁地加快谈判的进度。反之，如果时间还很充裕，那么双方都会倾向于据理力争，努力说服对方，全力捍卫自己的权益。

其实，不管是什么形式的谈判，之所以能够达成共识，关键在于双赢。任何谈判都不能以一方的满意而收场，只有双方经过权衡，在让步和坚持之间取得平衡，让自己和对方都获得相应的利益，谈判才会有圆满的结果。

很多谈判之所以失败，不是因为谈判的时机不好，也不是因为谈判的双方不懂得谈判的技巧，而是因为谈判者不曾致力于解决根本问题。他们最擅长避重就轻，说一些和稀泥的话，误以为这样就能麻痹对方，使对方主动缴械投降。现实的情况却是，但凡能够代表公司的谈判者都是卓尔不凡的，他们有着巧妙的心思、犀利的语言、独特的慧眼。面对这样强劲的谈判对手，明智的谈判者不会顾左右而言他，也不会避重就轻地说一些毫无意义的话，而是会一针见血地指出问题所在，然后与对方齐心协力地寻找解决问题之道。这样一来，就把原本对立的谈判双方变成了同一个战壕里的战友，虽然每个人依然需要维护本公司的利益，但是至少有了共同的目标，那就是达成一致，顺利签约。

总的来说，在谈判的过程中，一定要避开下面的误区，才能推动谈判顺利进行，取得双赢的结果。首先，谈判固然要以结果为重，却也要讲究方式方法，最好能够保证过程是令人愉快的。其次，要随机应变，灵活应对。谈判的形势瞬息万变，每个谈判者的职责都是维护本公司的利益，所以不要把谈判对手当成敌人，而仅把对方当成对方公司的代表。这样就能避免产生过多的情绪，尽量秉承公事公办的原则处理各种情况。必要的时候，还可以积极地提出既定方案之外的其他方案，这将会有助于解决问题。再次，多多为对方考虑，这样既能够激发对方的互惠心理，使对方主动对我们做出让步，也能赢得对方的信任，让对方看到我们真心诚意解决问题的态度。最后，主动做出让步。在谈判的过程中，不要始终保持咄咄逼人的态势，有的时候，让步反而是一种进取的姿态。适时适度的让步往往能够换来对方的让步，这是必不可少的。

避开了这几个谈判误区，谈判就不会走入死胡同，整个过程也会更加愉快，更容易让对方接受。总之，不管最终达成怎样的共识，双赢都是必须得到的结果。

运用二八定律进行商业谈判

众所周知，在谈判过程中，谁能掌握主动权，谁就能起到关键性作用。要想掌握主动权，就必须运用二八定律。一般情况下，谈判者的权力有限，在谈判中与对方进行博弈时，常常因为权限问题而受到限制。有些谈判者面对超出权限的问题必须中止谈判，及时请示上级，而有些谈判者却充满智慧，他们以小博大，凭着有限的权力获得了对方更大的让步，最终在谈判中运筹帷幄，获得了想要的结果。这些睿智的谈判者深谙二八定律，也能够灵活地运用二八定律扭转局面，赢得谈判。

具体来说，二八定律在谈判中表现为只需要付出20%的努力，就能够得到80%的收获。作为谈判的一方，当我们实现了这样的理想状态，那么则意味着对方的情况与我们正好相反，即他们付出了80%的努力，却只得到了20%的收获。在谈判过程中，二八定律不仅体现在付出与收获方面，也体现在时间方面。即在80%的时间里，我们只能达成20%的共识；在20%的时间里，我们却能达成80%的共识。通常情况下，这里所说的20%的时间，指的是谈判进入最后阶段的时间。了解了这个规律之后，我们就无须急于在谈判一开始就使出撒手锏，而是要在谈判进展过半，进入白热化阶段之后再发力。

张总作为公司的经营者，并不会亲自参与很多谈判，他很器重首席谈判官老刘，把很多重要的谈判都交给老刘全权处理。为了让老刘发挥最大限度的作用，也为公司创造最大的价值，张总特意设立了谈判部门，由老刘担任主管全权负责，甚至把招聘新谈判人员的任务也交给老刘。虽然老刘只是谈判部门的主管，但是公司里上上下下的人都心知肚明：如果说张总是公司的一把手，那么老刘就是公司的二把手。

这不，张总在提前安排好各项事宜之后，又让老刘代表他参加公司的招商谈判。通过这次谈判，老刘需要确定公司的最大合作伙伴，这对于公司未来的发展是至关重要的。在谈判过程中，老刘发现自己预先列举的很多分歧都很容易地得到了解决。其实，他只是采取了一贯的谈判方法。每当面对分歧时，老刘从不说"抱歉，我需要请示上级"，而是满怀愧疚地对对方说："请原谅，我只是个办事的，没有权限决定这件事情。从我个人的角度来说，我很愿意促成交易，但是我很遗憾。"听到老刘这么说，对方就会体谅老刘，做出让步。就这样，在整场谈判中，老刘几次使用这样的说辞，不但争取到了更多的利益，也说服对方做出了相应的让步。

在谈判进入最后阶段时，最大的分歧出现了，老刘为了表示诚意，更是主动在自己的权限范围内做出了最大的让步。对方看到老刘诚意满满，也不好意思继续争执，只好也做出了相应的让步。就这样，老刘结束谈判之后，张总看到谈判的结果感到非常满意，当即让老刘与对方约定时间签约。

从表面来看，谈判之所以能够取得成功，是因为老刘久经沙场，经验丰富，也深谙心理学，才能一次又一次地说服对方做出让步。如果进行更加深入的分析，就会发现张总才是更加高明的。在给予老刘权限的时候，张总已经预见到谈判过程中会出现的分歧和争执，因而给予了老刘适度的权限。所谓适度的权限，指的是老刘只能适度让步，当对方提出过分的要求时以超出权限为由拒绝对方的要求，捍卫自己所属公司的权益。从谈判对手的角度来说，当意识到面临的谈判者只有有限的权限时，他们在提出要求或者争取利益时就会把握分寸，这样就能够迫使他们必须在谈判者的权限范围内考虑如何达成交易。打个比方来说，谈判中的很多棘手问题都是烫手山芋，既然谈判者的权限是有限的，那么就相当于把很多烫手山芋都扔给了对方，让对方酌情处理。也许有人会问，难道不能提出直接和谈判者的上级进行谈判吗？显而易见，这是更糟糕的选择。因为谈判者的上级官职更高，权力更大，也有可能会更加盛气凌人，使谈判处于不对等的状态，也会带来更多的分歧和麻烦。最令人担忧的是，这还会使前面所做的一切努力都付诸东流，所以除非万不得已，很少有谈判者会做出这样的选择。

谈判时，除了权力的限制外，还有很多方面的限制，例如，政府的规定是不可更改的，公司的规章制度是不能随意改变的，工程的标准是硬性指标等。只要对这些无法改变或者撤销的条件和标准加以灵活运用，就能在商业谈判中占有优势地位。尤其是在对方提出不情之请时,这些硬性指标更是最好的挡箭牌,既能帮助我们理所当然地拒绝对方,也能帮助我们维护权益。

总之,不要再认为权力限制必然导致在谈判中处于劣势了,只要合理运用权力限制,我们就能扭转局面,处于优势和主动地位。在一切形式的谈判中,受到限制的权力都充满了力量,总是能够轻而易举地让对方做出让步。二八定律认为,可以把受到限制的权力作为谈判的武器使用,这将会使谈判者有恃无恐。当然,这么做的前提是对方的确想要达成交易。反之,如果对方压根不是真心诚意想要达成交易的,那么我们就无法以有限制的权力作为撒手锏逼迫对方妥协。面对有限制的权力,越是优秀的谈判者越不会抱怨,他们会独具匠心地运用这种权力,赢得谈判的胜利。

最后时刻是成败的关键

谈判持续的时间或长或短。不管整体时间的长短如何，达成一致的关键时刻都是最后时刻。在商务谈判中，很多人都喜欢声东击西、敲山震虎、虚张声势，这些都属于谈判的技巧，偶尔能起到良好的作用。只不过，这些谈判技巧很虚伪，带有欺骗的性质，正是以混淆视听的方式扰乱对方的心神，使对方的理智和判断力都下降，从而达到自己的目的。有些谈判老手为了让这些技巧起到更好的作用，更是巧妙地运用二八定律，在谈判的最后时间里趁着对方没有防备使用这些技巧。这个时候，对方看到谈判即将结束，却依然没有结果，原本就很焦虑也很担忧，再加上对方释放的烟雾弹和障眼法，他们更是失去了主意，因而产生了急于求成的心态。一旦感到着急，就意味着谈判者处于劣势，往往只能被对方牵着鼻子走，而失去了主动权。

不管参加什么谈判，要想获得成功，或者至少维护自己的权益，就一定要尤其警惕最后20%的时间。只有在最后20%的时间里坚持立场，绝不轻易动摇和让步，才能避免中对方的"计谋"。有些人心慌意乱，仓促之下做出了巨大让步，尽管达成了交易，却后悔莫及。对于谈判而言，这是非常糟糕的结果，其危害性远远超过谈判没有结果。

一般情况下，在谈判前期的大部分时间里，谈判双方都很少针对实际问题进行争论。他们更倾向于采用心理战术，以脱离实际的沟通方式打探对方的虚实，或者是漫天要价故意激怒对方，或者是顾左右而言他，说一些无关话题，或者是套近乎攀人情，想让对方念及旧情做出让步。总之，这些都是很多谈判者经常使用的老招数。这就合理解释了为何从谈判一开始，明眼人就能看出来双方差距悬殊，甚至有可能缺少诚意，压根没有谈拢的可能性，但是谈判却依然能够继续进行下去。归根结底，是因为谈判双方都没有把此时此刻的沟通当真。即使是让步，他们也都是出于给对方面子的心理，做出了一些不值一提的小小让步。这些让步对于最终能否达成交易无关紧要。

随着时间的流逝，当谈判进行到后半段时，尤其是在进入最后的20%的时间之后，双方对于谈判的态度都从试探转换为认真，这种认真程度是前所未有的。哪怕只是针对一个小小的细节，任何一方都不愿意做出让步，因为他们很明白千里之堤溃于蚁穴的道理，所以不愿意以让步的方式加强对方的欲望。在这个千钧一发的时刻，谁能坚持到底，谁就能笑到最后。反之，如果不能坚持到底，那么就会导致前功尽弃，前面争取到的所有小利益的总和，也远远不能弥补现在做出的大让步带来的损失。

约翰是做生意的老手，深谙做生意之道。美国有一家大公司打听到约翰的经商之道，特意委托约翰帮助他们采购商品。

以约翰的能力,做好这项工作没有任何问题。在几次帮助大公司采购的过程中,约翰都为大公司采购到了最优质的商品,而且争取到了最低的价格。

有一次,约翰要采购的商品价值不菲,对方给出的报价是50万美元。对于这个明显高于市场价的价格,约翰当然是有疑虑的。他当即委托核算人员针对这个商品和市场价格进行了调查,最终核算人员给出的合适价格是42万美元。两个价格之间的差距很大,整整8万美元。约翰深信自己能够以42万美元的价格购买到这批商品。他立即开始做谈判的准备工作。

出乎约翰的预料,对方也有备而来。刚刚开始谈判,对方先是放出了大招,他们满脸严肃地告诉约翰:"非常抱歉,上次因为工作人员的失误,给您报出了错误的价格。这批商品的价格远远不止50万美元,而是60万美元。"就这样,约翰需要争取的差价从8万美元,变成了18万美元。面对着这样的巨大悬殊,约翰一时之间有些不知所措,原本对于核算人员给出的价格深信不疑的他,现在不由得开始怀疑核算人员的核算出错了。

趁着约翰走神的好时机,对方乘胜追击。几个回合下来,到谈判即将结束时,约翰也没有谈到自己理想的价格——42万美元。他费了九牛二虎之力,才把价格压低到此前的报价,也就是50万美元。对方的嘴角露出隐隐约约的笑,他们也许在想:幸亏临时提高了报价,打得对方措手不及,也幸亏一直坚持不让步,否则哪里能以50万美元的高价成交呢?约翰哪里知道，当他开始怀疑核算人员的工作出错时，就已经输掉了这场谈判。

在这次谈判中，如果约翰能够坚持42万美元的价格，那么即使不能以42万美元成交，也能让成交价提高几万美元，而不至于以50万美元的价格成交。从某种意义上来说，谈判就是一场心理博弈，对方显然深谙谈判之道，不但在谈判之初就打得约翰措手不及，而且在谈判的最后始终坚持自己的报价，不愿意做出丝毫让步。

通常情况下，越是到了谈判的最后时刻，越是需要坚持维护自己的利益，否则一旦做出哪怕是小小的让步，就会打破谈判本该保持的平衡状态，使自己溃不成军。这就是"四两拨千斤"的奇效。尤其是当对方放出烟雾弹，试图迷惑我们的时候，我们更是要坚定不移，充满自信。

其实，不仅售卖的一方可以使用抬高价格的方式先发制人，购买的一方也可以使用压低价格的方式先发制人。而在谈判的最后阶段，要想捍卫自己理想的价格，最关键的是让对方明白你已经不可能再做出任何让步，这样对方才会死心，也才会接受你的底线。

欲扬先抑，决胜瞬间

在商务谈判的过程中，很多谈判者都擅长使用欲扬先抑的策略，从而顺利地达成自己的目的。所谓欲扬先抑，毫无疑问是先以贬低的态度打击对方，让对方的嚣张气焰和饱满的信心瞬间消失得无影无踪。等到对方蔫头耷脑，气势全无时，我们再突然之间转变态度，给予对方小恩小惠，或者做出小小的让步，这样的前后反差会让对方对我们产生感激，从而以互惠心理主动让利给我们，也愿意不断地做出让步以促成交易。由此一来，我们非但避免了浪费唇舌，还能与对方建立良好的关系，这对于本次交易以及未来的交易都是极其有好处的。打个比方，这样的行为就像是先狠狠地打对方一巴掌，然后再给对方一块糖果吃，这样对方就不会记恨我们，反而还会感谢我们。

听起来这样的方式似乎只对小孩子有效，其实，在商务谈判中，这样的方式同样有效。只不过，把一巴掌换成了严厉的言语打击和贬低，把一块糖换成了某种利益，或者是某种好处。

在美国的某个地区，有一家银行已经存在很长时间了。这家银行的业务始终很繁忙。作为银行里的工作人员，不但要满足大多数顾客的需要，而且要照顾到某些客户的特殊需求。有些脾气古怪、性格孤僻的客户就会被交给经理接待。

在众多客户中,史密斯无疑是最难缠的一位,这使得绝大多数工作人员看到史密斯都避之不及。无奈之下,经理就成了史密斯的一对一服务人员。史密斯是一位专门搞技术研发的工程师,也就是如今人们常说的理工男。大多数人都认为理工男过于理性,是钢铁直男,很难打交道,这是有道理的。在经济繁荣发展的时候,史密斯开了一家属于自己的公司,赚得盆满钵满。然而,不久之后金融危机来袭,史密斯的公司面临破产的困境,难以为继。无奈之下,史密斯只好关闭公司。为了结清公司的负债,史密斯误以为自己能够像之前那样轻而易举地从银行贷款,现实却狠狠地打了他的脸。面对史密斯提出的贷款请求,经理很抱歉地说出拒绝贷款的话。史密斯不由得勃然大怒,因为银行是他最后的希望,如果不能从银行获得贷款,他就无法偿还若干笔欠款。面对经理不为所动的拒绝,史密斯从一反常态好言好语地恳求,到撕破脸皮对银行破口大骂,认为银行就是富人的银行,丝毫不关心穷苦人如何生活。但是,经理见多了史密斯这样的人,也认为史密斯已经黔驴技穷了,等到骂累了,自然就会离开。

经理显然低估了史密斯的决心和毅力。回到家里苦思冥想了几天之后,史密斯想到了一个绝妙的办法,他决定欲扬先抑,先尽量说服经理。为此,他动用此前积累的人脉,让几个老朋友都提出要从银行里取出存款,以这样的方式给银行经理施加压力。显然,经理压根没想到向来直来直往的史密斯居然会曲线救国，想出这样的办法。要知道，这几位客户的存款很多，一旦他们都坚持取出存款，对银行而言必然是巨大的损失。无奈之下，经理只好请求史密斯不要如此大动干戈，还叫苦连天地说自己也只是个小小的办事员，权力有限。这次，轮到史密斯油盐不进了，不管经理说什么，他都坚持要求贷款。经理万般无奈，在请示上级之后，同意让史密斯以私人房产作为抵押物，提供给史密斯一笔长期贷款。

看来，当情况危急到一定程度时，哪怕是不擅长与人打交道的人，或者是不愿意发挥高情商说好话的人，就像史密斯，也能想出办法达成自己的目的。史密斯的聪明之处在于，他知道以公司倒闭的状态很难赢得银行的信任，因而就只是让各位老朋友给银行打电话预约取出存款，给银行施加压力，让银行经理陷入进退两难的境地。在意识到银行将要面临更大的损失时，银行经理自然会权衡利弊，与此同时还会考虑到如果事态不断发展和恶化，是否会影响到自己的职业生涯，最终在综合考虑下作出了明智的选择。

在这个事件中，史密斯运用了二八定律，以最少的付出，就获得了自己想要的结果。他的付出就是让老朋友们给银行打电话预约取款，而非真的取款，如此一来老朋友们就不会损失存款的利息。难以想象，史密斯好说歹说都不能实现的目的，只是通过老朋友的一通电话就解决了。看到整件事情的经过，有人也许会认为是天方夜谭，或者觉得事情不可信。然而现实就是如此残酷，每个人都为了维护自己的利益而绞尽脑汁，哪怕是在规章制度面前，一旦有可能危及自己的利益，很多人就会灵活应对。

在客观的世界中，很多领域都存在不平衡的现象，即20%的人拥有80%的权力，20%的学生获得80%的荣誉，20%的机会决定80%的成功，等等。只要能够掌握并且运用二八定律，我们就能以小博大，发挥自己小小的力量，获得大大的收获。

软硬兼施，面面俱到

在谈判中，真正的谈判高手哪怕已经做好了充分的准备，也很确定一点，即再周到精密的计划，也无法阻止谈判期间出现很多意外的情况或者突发的状况，因而除了要有未雨绸缪的能力，还要有随机应变、机智应对的能力，也要有当机立断、杀伐果断的魄力。毕竟即使千算万算，我们也无法详尽地预知对方将会提出哪些刁钻的问题，或者是使出哪些极具杀伤力的招数。也许一着不慎就会落入对方精心设计的陷阱，也许一不留神就会被对方算计而损失利益，也许转瞬之间就会从主动转化为被动，从优势转化为劣势。因此从本质上来说，谈判就是一场没有硝烟的战争，每个谈判者手中都握着几把伤人不见血的利刃。

我们都在电脑上下载过各种文件，知道随着时间的流逝，进度条不断向前推进，整个文件会被下载下来。然而，在谈判中耗费的时间与取得的谈判成果是不一致的，这意味着哪怕谈判的时间过去了80%，谈判也未必能取得80%的成果。很有可能谈判时间已经过半，谈判却毫无进展；谈判进展到最后阶段，却极有可能快速推进，在短时间内达成大部分共识，最终顺利签约。当然，这并不意味着只要等待谈判的最后阶段，所有事情就能顺理成章。在谈判之前，我们必须做足准备；在谈判过程中，我们很有必要运用二八定律和谈判技巧，以顺利推进谈判。

谈判有很多技巧，其中，很多高明且富有经验的谈判者最喜欢运用软硬兼施的技巧。唯有如此，他们才能把握谈判的最后时刻，达成己方的目的。具体来说，运用软硬兼施的技巧，主要的谈判者要在谈判中找到合适的时机，以合理的理由暂时回避，这个谈判者扮演的是白脸。等到白脸退场之后，次要的谈判者也就是黑脸占据主导地位，开始主导谈判。这个时候，对方意识到白脸离场，黑脸的作用凸显出来。因而只要想继续谈判，就不会太过计较黑脸的谈判方式和谈判态度。毫无疑问，黑脸的态度是非常强硬的，在挂帅出征之初就会提出己方的要求，以维护己方的利益。在一番刀光剑影的唇枪舌剑之后，黑脸咄咄逼人，在气势上完胜对方。尤其是在最后的时间里，黑脸更是寸步不让。这个时候，对方看到白脸没有回来，又意识到谈判即将结束，因而不得不持续地让步，以争取达成交易。运用这个策略，黑脸轻轻松松在谈判中占据优势，获得了成功。

作为美国的大富豪，霍华德·休斯性格古怪，暴躁易怒，很难相处。有一段时间，他计划购买一批飞机，因而开始接触飞机制造公司，洽谈订购飞机的相关事宜。还未谈判，休斯就列举了二十多项要求。在这些要求中，他强硬地提出对方必须满足其中的几项，丝毫没有回旋的余地。为了保证在谈判中维护自己的利益，休斯不放心把谈判的重任交给其他人，选择亲自参与谈判。

毫无疑问，修斯的火暴脾气使得整场谈判充满了火药味，时而陷入僵持的状态，面临无以为继的危机。虽然休斯是客户，理应得到上帝般的待遇，但是飞机制造公司财大气粗，也不愿意轻易做出让步。最终，因为休斯的蛮不讲理，丝毫不愿意做出任何让步，谈判陷入了僵局，无法继续下去。在这样的尴尬局面中，休斯甚至想，自己不得不换一家飞机制造公司，而且不能再亲自参与谈判，否则就无法订购到飞机了。此时此刻，休斯已经意识到自己的火暴脾气真的不适合参与谈判，也开始考虑派出最强大的谈判人员代替他继续谈判。经过精挑细选，休斯决定让一名性格温和、充满智慧的下属，代替他与飞机制造商继续谈判。做出这样的决定，对于休斯而言实属无奈，他万万没想到这个决定给他带来了成功。

在下属谈判之前，休斯叮嘱下属，只要能让飞机制造商答应其中的几条必须满足的要求，就算是圆满完成了任务。让休斯百思不得其解的是，下属在第一轮谈判中就顺利地谈妥了大部分要求。休斯非常惊讶，当即询问下属是如何达到这个目的的，下属微笑着回答："其实，我压根不会任何谈判技巧。每当陷入僵局的时候，我就会可怜兮兮地询问对方'你是想与我一起解决问题，达成交易，还是想让这只煮熟的鸭子飞走呢'，对方很清楚我只是代理人，没有那么多的权限，只能做出让步。当然，这也得益于你提出的要求合情合理，让对方没有拒绝的理由。"听了下属的话，休斯忍不住笑了起来，他暗暗赞叹下属的情商很高，也很善于谈判。

在谈判的过程中，一味地扮演黑脸，在气势上压倒对方，在利益上寸步不让，并不是好的选择。在整个谈判的过程中，休斯恰好扮演了黑脸，在由于他的火暴脾气导致谈判无法继续进行下去之后，又派出了好脾气的下属作为代理人继续参与谈判。正因如此，对方才知道代理人的背后有一个强势的老板。为此，面对代理人，他们要想达成交易，就只能做出让步。

这次谈判的成功得益于软硬兼施的策略，也得益于代理人有限的权力。正因如此，休斯的下属在整个谈判的过程中才能占据主动地位，才能享有优势。从这个角度来考虑，下属能够顺利地完成谈判，促成交易，是情理之中的的事。

以软硬兼施的策略完成谈判，关键在于对方有足够的诚意促成交易，而且要预先了解对方的各种资料、心理状态，甚至包括脾气秉性等，这样才能做到知己知彼，百战不殆。需要注意的是，在运用这个策略的过程中，谈判者一定要坚持自己的立场，维护自己的权益，而不要受到对方的影响和控制。当意识到对方在软硬兼施时，要当即以其人之道，还治其人之身，这样才能瓦解对方的气势。当然，如果双方都寸步不让，以同样的"软硬兼施"的方式参与谈判，那么很有可能导致谈判终止，这也就意味着交易失败。和强硬的力量相比，软弱的力量有可能更强大，关键在于要学会运用软弱的力量，以示弱的方式让对方主动让步。

第五章

运用二八定律,工作生活兼顾

工作是生活的重要组成部分，是不可或缺的。现实中，很多人并不满意自己现在的生活状态，对于工作更是吹毛求疵，百般挑剔。为了能够更加安逸舒适，他们宁愿放弃高薪，只想过旱涝保收的日子。对于他们而言，工作毫无乐趣，更不可能给他们带来成就感和满足感。他们极少因为工作上取得成就或获得报酬而开心，在大部分时间里，他们都把工作当作沉重的负担，为了应对工作殚精竭虑，唉声叹气。工作将会伴随大多数人的一生，如果总是因为工作而感到内心沉重且压抑，则意味着我们需要换一份工作，也换一种生活的方式了。

明确人生的重中之重

不管做什么事情，掌握了正确的方法就能事半功倍；反之，如果没有掌握正确的方法，则注定事倍功半。那么，如何才能提高做事情的效率，让很多事情都顺利地进行下去呢？重点在于理解和领悟二八定律的精髓，遵从二八定律的引导，掌握重要之处。举例而言，在生活中，我们无须面面俱到地做好所有事情，因为生活的本质就是琐碎的，生活中各种各样的事情层出不穷，是不可能做完的。在工作中更是要把握重点，把握关键，这样才能把原本复杂烦琐的过程化繁为简。

不仅对于生活和工作要把握关键，对于人生，更是要把握关键。二八定律告诉我们，不管做什么事情，都无须看重和把握所有的细节，只要能够把握其中最重要的环节和步骤，很多事情就能保持正确的方向，始终朝着正确的目标奋进。

不管做什么事情，我们都要抓住重点问题和关键问题，这才是解决问题的根本所在。有些人分不清事情的轻重缓急，也辨不明问题的轻重主次，因而在做很多事情或者解决很多问题时，总是怀着贪婪急迫的心，恨不得第一时间就能解决所有的问题。不得不说，这是很难实现的。面对很多问题，我们都要遵守循序渐进的原则，才能逐步地使问题得以解决。

在具体解决问题的过程中，不管是对于生活，还是对于学习和工作，都要遵守自然平衡的原则，然后以轻重主次作为解决问题的排序依据，有针对性地解决各种问题。要想实现这个目标，就要做到以下几点。

首先，针对某段时间制订详细的计划。例如，可以制订短期计划、中期计划和长期计划。为了保证计划得以顺利执行，最好制订短期计划和中期计划。即使先制订了长期计划，也可以对计划进行分解，把计划分解为中期计划和短期计划。

其次，明确人生的目的和意义。很多人浑浑噩噩地活着，压根不知道自己到底想要怎样的人生，也不知道自己努力奋斗的最终目的是什么。这样一来，就无法通过努力实现人生的目标。在面对人生的过程中，我们一定要坚持思考，尤其是要牢记二八定律，把有限的人生用于无限的奋斗，让短暂的人生因为实现了理想和梦想而变得无比璀璨。

再次，区别哪些事情对于自己而言是最重要的，哪些事情是可有可无的，并不会影响人生的终局。对于那些将会影响人生的走势，也将会对人生的发展起到重大作用的事情，一定要慎重对待。对于那些生命历程中无关紧要的小事，则可以睁一只眼闭一只眼，无须过于在意和计较。

最后，学会舍弃，学会放下。人生中的很多东西就像是手心里的流沙，越是紧紧地攥住，越是容易流失。聪明人从不贪婪，他们知道适时地放下，也学会了舍弃。正因如此，在面对人生中进退两难的境遇或者是鱼与熊掌不可兼得的局面时，他们才能游刃有余地面对，从容地放手。

本质上，每个人的生活都如同调色盘一样多姿多彩，只是各种各样的色彩未必会按照我们的心意或者我们期望的样子呈现出来。它们也有可能是混乱无序的，是盲目的组合。在这种情况下，我们无须把时间平均分配给自己所有的角色。一个人的角色是多种多样的，例如，在家里是子女也是父母，还是妻子或丈夫，在单位里既是下属也是上司，还是项目负责人，等等。面对这么多的角色，大多数人都会产生分身乏术的感觉。与其殚精竭虑地试图扮演好所有的角色，不如选择其中最重要的角色，让其成为人生的重要角色和关键角色。与此同时，再把时间和精力分给其他角色。所有的角色并不是单独存在的，也不是互相孤立的，而是互相影响、互相作用的。唯有在所有角色中保持平衡的状态，即遵循二八定律，不平等地分配时间和精力，才能够起到最好的效果，让人生渐入佳境。

二八定律

做一个创造财富的懒人

现实生活中，很多人特别喜欢和欣赏那些精明强干的人，总觉得他们仿佛有用不完的精力，轻轻松松就能处理好很多事情。哪怕生活的琐碎如同一团乱麻，他们也能在乱麻之中找到头绪，从而把各种各样的事情整理出来，做到井然有序，有条不紊。除了在该忙碌的时候争分夺秒地忙碌，恨不得变出三头六臂处理好所有的工作，在其他时间，这些能干的人还会抓住各种机会休息。正因如此，我们才会看到很多精英每年都有一定的时间用于度假和旅游，也会坚持每周都抽出时间陪伴家人。从表面来看，他们仿佛非常懒惰，其实他们已经以强大的自律能力在不为人知的时候创造了财富，因而才有机会安然享受闲适的生命时光。

小时候，我们会听到身边的人说"努力了才会有收获"，等到长大之后，我们却悲哀地发现有些情况下即使努力了也未必有收获。这个发现让我们倍感焦虑，甚至会产生怒火，认为自己一直以来都被善意的谎言欺骗了。其实不然，对于所有人而言，天上不会掉馅饼，所以必须努力才有可能获得想要的结果。但是，成功受很多因素的影响，如果只努力了而没有其他因素的加持，那么很有可能会以遗憾收场。纵然努力了未必有结果，我们也要继续努力，因为唯有努力才能让我们拥有更多的希望去追求成功，也以拼搏进取的方式获得成功的青睐。

毋庸置疑，每个人的天赋和特长都是不同的。例如，有的人擅长艺术类创造，有的人擅长进行科学钻研，有的人擅长搞好人际关系，有的人擅长埋头苦干。二八定律为我们揭示了一些残酷的真相，即只凭着努力去工作，我们所获得的收获是极其有限的，也未必能够如愿以偿地实现目标。相比之下，当我们可以做自己喜欢做的事情时，那么我们就能获得更高的报酬和更多的回报。

在世界范围内，巴菲特都是屈指可数的大富豪。其实，巴菲特并非出生在经济优渥的家庭里，也并非一出生就有投资的天赋。刚开始，巴菲特的资金少得可怜。他之所以能够成为世界投资领域中神一般的存在，与他找到了自己真正感兴趣的事情——分析密切相关。自从凭借着分析使自己的微薄资金快速增值之后，巴菲特在投资方面的天赋就日渐凸显。事实证明，他通过投资使资金以远远超过股票增值的幅度增值，这让他获得了极大的成就感。

和很多投资者热衷于购买和炒作股票不同，巴菲特很少交易股票。他喜欢长期投资，长期持有，通过时间的复利作用让资金增值。正是因为秉承着这样的投资理念，所以在大多数时间里，巴菲特看上去都无所事事。他的生活既悠闲又舒适，而且比绝大部分人更宽裕。对于自己的投资哲学，巴菲特认为其属于懒惰投资的范畴。除了不喜欢频繁地买卖股票之外，巴菲特也并不认同传统的组合投资方式。他总是调侃这种组合投资方式最终将会使投资人几乎拥有市面上所有的投资产品,这是很可怕的。如果把每一种投资产品都比喻成一种动物,那么这样的投资者只需要很短的时间就能开办动物园了。

顾名思义,作为一个懒人,却拥有创造财富的能力,这常常会使他们遭人误解,认为他们喜欢不劳而获,也认为他们已经与社会脱节,一心一意地梦想着一夜暴富、天上掉馅饼。拥有这种想法的人,对于所谓懒人的生活既不了解,也不理解,更不敢想象。那些所谓的懒人很擅长运用二八定律,他们很清楚付出20%的努力,就能获得80%的回报,所以要有针对性地付出自己的时间和精力,才能让自己的未来有更多的可能性。他们非常珍惜自己的时间和精力,不愿意在毫无意义的事情上白白浪费力气,而是会采取养精蓄锐的策略,在确定自己能够得到80%回报的情况下,全身心投入地付出20%的努力。在现实生活中,很多符合二八定律的事情或者想象都揭示了这个相同的道理,也很好地为我们解释了为何只有少数人能够得偿所愿地得到更多收获,而绝大部分人都会令自己感到失望,甚至没有得到自己想要的结果。

虽然每个人都有自己成功的理由,但我们无法通过模仿他人的样子获得成功,更不可能照搬他人的成功,将其复制为自己的成长经验。但是,我们却可以向成功者学习,按照成功者表现出来的样子去生活和学习。这样的简单模仿效果不容小觑,能够帮助我们以最快的速度接近成功。

在职场上，很多人每天特别辛苦和努力，甚至要花费比其他人更多的时间坚持工作，但是最终没有额外的收获，就连完成基本的任务都很困难。毫无疑问，这样的人即便努力也是枉然，这是因为他们压根没有掌握正确的方式方法，才导致自己一蹶不振。如果这种状态是短时间内出现的，那么我们可以继续观察，看看事态的发展最终如何。如果这种状态已经出现了很久，而且丝毫没有好转的迹象，那么我们就可以考虑重新换一份工作。毕竟，三百六十行，行行出状元，我们没有必要坚持去做自己不喜欢的职业。不仅在工作上有这样的现象，在学习上也常常出现这样的情况。

面对令人尴尬的局面，与其歇斯底里、恼羞成怒，不如反思自己是否找准了方法。当我们尝试了所有的努力，却依然没有效果时，那么我们也就真的需要思考换工作的相关事宜了。需要注意，不管面对怎样的情况，都不要轻易地抱怨，更不要认为自己已经拼尽了全力。事实告诉我们，人的潜能是无穷的。例如，小伙子面对自己心爱的姑娘，会靠着努力工作攒够首付，给心爱之人一个美好温馨的家；再如，当你在工作中表现得非常轻松，而且每天都能提前完成工作任务时，我们就可以充满底气地向对方表明自己的难处和立场。我们必须相信，如果对方真的爱我们，也愿意给予我们更多的时间和空间去观察，那么我们就有可能获救。

人类发展至今，无数的发明创造都是为了工作和生活，也让人们的生活发生了本质的改变。作为职场人，我们必须保证工作的高效率，而工作中的高效率本质就是工作的效率。效率高，当事人就能完成更多任务，赚取更多薪水。反之，如果效率低下，那么当事人花费同样多的时间和加倍的精力，也不能完成相关事宜。当一个会创造财富的懒人并不容易，这是所有人的梦想，也是所有人为之努力的方向。

要少工作，但要多赚钱

在社会生活中，符合二八定律的现象随处可见。例如，每年都有无数新人进入娱乐圈，但是真正能够崭露头角的新人只占大概20%；每年都有很多新的影片进入院线，但是只有大概20%的影片创造了80%的票房利润，除此之外，大概80%的影片只能创造20%的利润；每年国家都会培养很多运动员作为新生代的力量进入体育界，但是真正能够在国际比赛中获奖的运动员不足20%……这一切现象都告诉我们，即使想要得到丰硕的回报，也未必需要付出百分之百的努力。如果说努力有捷径，那么努力的捷径就是把握重点，把握关键。

如果说此前还有人怀疑二八定律是否真的放之四海而皆准，那么这一组组数据则充分证明了二八定律无处不在，也证明了不平衡才是人类社会生存的唯一法则。即使放眼全世界，也随处可见酬劳分配不平衡的现象。在现代的社会生活中，只有那些位于金字塔尖的人才能赢得关注和重视。和大多数人相比，这些人的数量少得可怜，堪称凤毛麟角。不管是在娱乐圈，还是在影视界；不管是在体育界，还是在政坛上，这些金字塔尖的人无人不知，无人不晓。他们荣耀加身，头顶光环，理所当然地收割了业内的大部分利润。

在美国，有些参加过战争的人尝试着凭借亲身经历写书，在众多的创作者中，只有一位将军创作的关于海湾战争的书，突破了一百万册的销量。这位将军因此获得了丰厚的回报，所得利润超过200万美元。相比之下，其他出书的将军则运气欠佳。除了有一位将军的书卖掉了大概两万本，其他将军的书均销售惨淡。这更加证明了那些处于金字塔尖的人，不但有着很大的名气，而且也因此获得了更多的机会，无限接近直至获得成功。

那么，如何才能成为某个行业或者某个领域内的佼佼者呢？最重要的在于，要从事适合自己的职业，这样才能发挥自己的长处和兴趣爱好，也才能相对容易地做出成就。从获得报酬的角度来说，兴趣是最好的老师，它能够让我们在相关的领域内有突出的表现，因而获得酬劳。相比那些愁眉苦脸地工作的人，开开心心工作的人更能够得到报酬。对于一切工作者而言，很难绝对公平地获得报酬，尽管所有工作者都希望付出最小的努力，获得最大的报酬，遗憾的是理想虽然丰满，但是现实极其骨感。唯有从事那些真心热爱、能够发展才华、产生更高利润和价值的工作，才能以较少的努力获得较多的回报。

从这个意义上来讲，少工作与多赚钱并不是互相矛盾的。通常情况下，大多数人坚持认为世界上从来没有轻轻松松就能赚钱的工作，这其实是错误的理解。从努力的角度来说，每个人的确都要付出艰苦卓绝的努力才能赚取更多的酬劳；从快乐工作的角度来说，一个人完全有可能以工作为乐趣，从事适合自己的工作，从而以小博大，让自己在工作上发挥天赋和特长，这样一来无须以加倍的勤奋和努力为自己加分就能表现卓越。

在匹配程度上，所谓适合自己的工作，指的是符合自己的性格特征，契合自己的气质，能够发挥自身聪明才干和过人天赋的工作。看到这里，也许有些朋友感到很奇怪，契合气质是什么意思呢？气质又是什么呢？从心理学的角度来说，气质指的是心理活动的强度与速度，也指心理活动的灵活性与稳定性。一言以蔽之，气质就是心理活动的独特状态。

曾有心理学家把人的气质分为黏液质、胆汁质、多血质和抑郁质。通常认为黏液质的人性格偏向于沉稳，具有明显的内倾性，稳定性很强，反应速度比较缓慢；胆汁质的人具有旺盛的生命力，和其他气质类型的人相比，胆汁质的人拥有更加强烈持久的情绪体验，但是缺乏自制力，很容易冲动；多血质的人仿佛是天生的交际家，不管在怎样的人际环境中，他们都能在最短的时间内与周围的人熟悉起来，他们的反应非常敏捷，但是无法长久地保持专注的状态，此外情绪也很容易出现波动；抑郁质的人尽管反应速度比较慢，也缺乏灵活性，但是他们一旦产生体验就非常深刻，他们不容易兴奋，就像是情绪的惰性因子一样表现为典型的慢热型。

朋友们，你们属于以上哪种气质呢？当然，你们的气质类型未必是单纯的某一种，很多人的气质类型都是综合性的，即综合了上述至少两种气质类型的特点。要想找到适合自己的职业，除了要了解自身所属的气质类型，还要了解自己更多方面的表现和明显特征。

　　首先，知道自己真正感兴趣的是什么。正如人们常说的，兴趣是最好的老师，工作原本就很辛苦，只凭着一时的激情或者是热情，很难长久地投入工作之中。最重要的是要对自己从事的工作感兴趣，对于现代职场人而言，从事自己喜欢的工作无疑是最大的幸运。此外，在工作的过程中，也要培养自己对于工作的兴趣和热爱。正所谓选我所爱，爱我所选，这些都是很明智的选择。

　　其次，符合自身的性格。俗话说，江山易改，本性难移，这充分说明性格是很难改变的。既然如此，我们就不要为了适应工作而改变性格，而是要在选择职业的时候就考虑到性格因素。例如，有的人天生喜欢冒险，追求刺激，因而选择成为职业赛车手，他们将会在风驰电掣的过程中感受到生命的激情和力量，获得极大的满足。很多职业赛车手之所以选择这份职业，完全是出于自身的兴趣，也是契合自身性格的。再如，有些人特别冷静理性，很少冲动，因而他们适合从事研究性的工作，也适合从事与数字有关的工作。他们思维缜密，越是在关键时刻越是能够保持头脑清醒，这将会让他们在工作上有杰出的表现。

　　最后，了解自身的能力，从事与自身能力匹配的工作。小马拉大车无疑是艰难的，因为小马的力量有限，而大车是非常沉重的。反之，大马拉小车又有大材小用的嫌疑。如今，随着社会分工的精细化，每个行业都需要专业化的人才，因此我们必须全面了解自身的优势和特长，知道自己的短处和不足，才能发挥自己的核心竞争力，做自己真正擅长和可以胜任的事情。唯有如此，才能以20%的付出赢得80%的回报。反之，如果恰好从事自己不擅长的工作，而且能力不足，那么就会限制自身的成长和发展。

总之，不管从事什么职业，都要以适合自己为首要原则。当我们在职业上能够发挥天赋和优势，那么就会做到游刃有余。反之，如果我们在职业上能力不足，总是受到能力的限制和束缚，就会倍感痛苦。当然，在选择职业的时候还要考虑到自身的成长和进步空间。要区分能力不足与缺乏经验，如果是能力不足，那么提升能力是有很大难度的；如果只是缺乏经验，那么随着工作的时间越来越长，坚持向经验丰富的老员工学习，坚持以亲身经历积累经验，终究会突破和超越自我，成为更优秀的自己。

快乐地工作

现代职场上,大多数人都愁眉苦脸地对待工作,仿佛工作不是实现自身的价值,而是毁灭自己。以这样的状态对待工作,自然不会得到任何满足,更不可能做出任何成绩。工作从来不是当一天和尚撞一天钟,而是要以饱满的热情和激情投入其中,也要发自内心地热爱工作,把工作当成是证明自身存在的意义和创造自身价值的重要途径。唯有如此,我们才能坚持快乐地工作,也才能从工作的过程中感受到乐趣。

对于大部分人而言,工作是生命历程中不可缺少的重要部分,就像每个人每天都要吃饭、睡觉和休闲娱乐一样,每个人每天都要坚持工作。工作不仅仅是为了赚钱,更是为了为社会创造财富。作出贡献,也是为了赢得更高的社会地位,实现更重要的人生意义。同时,我们会因为工作而感到充实。反之,如果在工作的过程中始终感到内心紧张焦虑,也充满了失望感和倦怠感,那么我们就该选择放弃这份工作,重新寻找一份适合自己的工作。否则,哪怕这样的工作能够给我们带来名利,能给我们带来丰厚的金钱回报,却依然会让我们沉浸在痛苦之中,无法自拔。

在工作的过程中,我们同样要坚持二八定律。把二八定律运用于工作，目的在于减少工作的时间，以最少的时间工作，却能获得最高的报酬。很多人每天都全身心投入工作，忙得没有时间休息，更没有时间陪伴家人，却只能获得微薄的薪水，这使得他们的幸福感大大降低，压根不可能从工作中感受到快乐。毕竟工作只是生活的一部分，而不是生活的全部，更不是生活的唯一目的。也有人认为，工作是谋生的手段，工作的目的在于赚钱提升生活的品质。从这个意义上来说，如果为了工作而彻底舍弃生活，那么工作就是毫无意义的。

每个人都应该致力于成为工作的主人，而不要心甘情愿地成为工作的奴隶。当我们全年无休地工作时，支撑我们继续工作的就只能是我们对家人的责任，以及被生活逼迫产生的巨大压力。正如无休止、无节制地玩乐将会虚度人生一样，无休止地工作同样是在浪费宝贵的生命。那么，怎样才算是从工作中感受到快乐呢？正如一位教师在教书育人的过程中感到快乐，一位演员在精心塑造角色的过程中感到快乐，作为普通的职场人，也要在工作的过程中感到满足和快乐，这才是工作真正的乐趣。

在这个世界上，从来没有天上掉馅饼的好事，更没有一蹴而就的成功。不管做什么事情，哪怕是做非常简单的一件小事情，都需要经过勤学苦练，才能不断提升自己相关的能力，从而让自己的水平得以提升，让自己胜任原本勉强维持的工作。所以哪怕意识到自己目前对于圆满地完成工作任务还很困难也没有关系，只要坚持不懈、持之以恒地努力，一切就都会得到改观。

　　所有的成功者都头顶光环，吸引了无数人的关注，为此有人将成功者的成功归结于拥有过人的天赋、贵人相助，或者拥有特别好的机缘。毋庸置疑，对于成功者而言，这的确是不可或缺的，但是成功者最大的共同之处在于：对待工作，他们都有着认真执着的态度，他们都能感受到工作带来的乐趣，也能始终对自己的理想满怀热情和憧憬，更具有无穷无尽的动力，不达目的决不罢休。正是这样的锲而不舍和坚决果断，才使得他们能够成为工作的主人，真正主宰、驾驭和掌控工作。

　　古今中外，每一个成功者的身上都有着令我们熟悉的特质，他们发自内心地接纳工作，认可工作，所以才能通过工作收获快乐。他们有着杰出的能力，有着坚韧的品质，因而才能胜任工作，也才能最终获得自己想要的结果。

　　具体来说，要做到快乐地工作，就要有以下认知。

　　首先，要坚持把握和创造机会。现代社会中竞争越来越激烈，一个人很难只凭着优势或者特长就高枕无忧，在某个行业或者领域中占据不可撼动的重要地位。俗话说，高处不胜寒，越是在某些方面出类拔萃，越是要有危机意识，随时做好充分的准备，抓住千载难逢的好机会。当没有机会时，还可以主动出击，创造各种好机会。人们常说，机会总是青睐有准备的人，这里所说的准备不但指的是抓住机会的各种准备，也指的是从心理上致力于创造机会。

　　其次，要坚持比较，这样才能选择最适合自己的工作。在比较的过程中，我们会更加清楚地认识到自身的优势和不足，也会更加明确地认识到每个人都是有特长和闪光点的。不管是看待自己还是他人，我们都要怀着客观公正的态度，从而做到扬长避短，取长补短。小到个人，大到国家，每个人都要发挥所长，发展核心竞争力。只有通过坚持，我们才能发现自己的所长，避免盲目地羡慕他人。

最后，一定要把握效率原则。不管做什么工作，效率都是关键。如果效率低下，哪怕投入再多的时间和精力，也未必能够把工作做好。反之，在保证高效率的前提下，即使投入的时间是有限的，也能用有限的时间创造更高的价值。从本质上而言，在工作的过程中能否取得想要的成果，并非完全取决于工作时间，而是很大程度上取决于工作效率。同时，效率还决定了工作的附加值。当我们坚持运用二八定律考量工作的价值时，就会发现即使只做最少的工作，也有可能获得最大的价值。和工作的量相比，工作的质是更加重要的。尤其需要注意，要把所有的力量都集中于最重要的事情，否则一旦在毫无意义的事情上浪费了时间和精力，就会导致效率低下，事与愿违。

总而言之，我们应该通过工作获得快乐。人人都知道健康是非常珍贵的，甚至比功名利禄更加宝贵。工作的乐趣和健康一样是至关重要的，也是极其珍贵的。面对工作，不要总是怀着不情不愿的态度，更不要强迫自己勉为其难地去做，而是要把工作当成一种享受，真正感受和获得工作的乐趣。

人是主观性的，每个人都有强烈的主观态度。从本质而言，快乐也是主观性的。对于同一件事情，有人觉得快乐，有人觉得煎熬，这就是不同的人内心不同的感受。因此，我们要想通过工作获得快乐，当务之急就是改变主观的态度。因为快乐的源头就是我们的内心和感受。既然如此，我们就要从自身感兴趣的事情出发，坚持做好自己想做的事情，积极地发挥自身的优势和特长，而不要勉强自己做不想做的事情。

当不得不做自己不感兴趣的事情时，我们唯一需要做的就是培养自己的兴趣，激发自己的热情和干劲。现代职场上，很少有人能够幸运地从事自己喜欢做的事情，大多数人需要结合自身的兴趣爱好、所学专业以及职场上的现实情况，决定自己从事哪种职业。心理学领域的一万小时定律告诉我们，即使对于自己没有天赋和特长的事情，只要我们静下心来脚踏实地地去做，坚持不懈、持之以恒地努力，就能够有所进步，有所成就。由此可见，二八定律能够激发我们对于学习、工作和生活的兴趣，也让我们在生命的旅程中感受到更多的快乐，领略到更多的精彩。

生活在当下

很多人对于生活的现状感到不满,总是牢骚满腹。殊不知,这么做除了使自己陷入负面情绪中无法自拔,还会导致很严重的后果,即在不知不觉间就迷失在当下。人生看似漫长,实际上只有短短的三天时间,即昨天、今天和明天。昨天已经成为不可改变的历史,明天是还没有到来的未来,只有今天才是可以把握在手中的当下。每个人都要坚持活在当下,全身心投入地过好每一个今天,这样才会拥有无怨无悔的昨天,拥有值得期待的明天。

对每个人而言,快乐都是非常短暂的,美好的时光总是转瞬即逝。每当有闲暇的时候,我们就可以回忆自己曾经拥有的快乐时光。只要粗略计算,我们就会发现一个令人惊奇的现象,即快乐在生命之旅中的分布是不平衡的,这很符合二八定律。换言之,人生中大多数快乐的时刻,都出现在那些转瞬即逝的美好时光中。听起来,这使人感到沮丧,但是换一个角度来看,这恰恰意味着我们还有很大的空间让生活变得更加快乐。反之,如果生活现在就已经被快乐充满,那么就没有更多的空间容纳新的快乐了。

要想找到不快乐的根源,我们就要运用二八定律进行思考。除此之外，前文说过，快乐是主观的感受，所以我们还可以运用智慧积极地改变自己的心态，改变自己面对生活的态度。归根结底，生活的本质应该是快乐的，我们追求的目标也是快乐。这样的统一与和谐，让我们的人生有了更多的可能性，也充满了无限的奇迹和惊喜。

  对于这种现象，也许有些朋友会感到疑惑，认为身边的确有些人享受分布相对均衡的快乐。仅从表面来看，这仿佛不符合二八定律，实际上这些人本身就是很快乐的，这又从另一个角度印证了二八定律，即生活中那些乐观者大部分时间里都感到快乐，而那些悲观者则只在极少数时间里感到快乐。毋庸置疑，享受快乐均衡分布的人都是乐观者，他们是命运的宠儿。退一步看，即使和悲观者一样面对困境，他们也不会像悲观者那样愁眉不展、一蹶不振，而是会努力地振奋精神，积极地应对。

  那么，人的天性是乐观还是悲观到底是由什么决定的呢？有的人看起来就很快乐，脸上洋溢着笑容，内心始终充满喜悦。而有的人看起来就苦大仇深，哪怕是面对值得开心的事情，也只是满脸淡漠，让人甚至无法捉摸他们是高兴还是悲伤。从科学的角度进行分析，天性是乐观还是悲观，通常情况下取决于遗传、大脑中进行的思考过程、对待人生的态度、世界观、人生观和价值观等诸多因素。此外，生命历程中的各种经历，也会影响人的性格形成。例如，有些人命运多舛，总是被命运无情地捉弄，在绝望中沉沉浮浮，他们自然很难保持乐观。反之，有些人一出生就拥有比大多数人更高的起点，得到了父母的无尽宠爱，不管做什么事情都能得到外界的助力，自身也非常优秀，因而人生的道路始终一帆风顺，万事如意。在这样的人生之旅中，他们怎么会不快乐呢？

除此之外，心态也起到决定性作用。例如，有些人很悲观，一旦遭遇失败和打击，就会把所有的责任都归结于外部因素，而很少从自己的身上寻找原因、寻求突破。很多外部因素都是客观存在且不可改变的，这使得他们对待命运的安排很被动，只能无奈地接受而不能积极主动地去改变。从某种意义上来说，这就是宿命论，持有这种观点的人认为自己根本逃不过命运的安排，因而万分沮丧和颓废。与他们截然不同，有些人很积极乐观，不管遭遇怎样的挫折和打击，始终都能振奋精神，从自己跌倒的地方爬起来，继续风雨兼程地往前走。在生命的旅程中，他们有可能遭遇坎坷泥泞，也有可能看到繁花似锦，不管眼前的风景如何改变，始终不变的是他们充满希望的心。哪怕身处绝境，他们也会反思自身，致力于改变自身，以更好地适应外部的环境，坚持成长和进步。

每个人的力量都是有限的，要致力于那些能够改变的，而努力接受那些不能改变的。接受，不是躺平，更不是无所作为。只有积极地参与那些充满快乐的活动，才能让自己感受到更多的快乐，也成为快乐的拥有者。

在改变心态之后，我们接下来要做的就是把握当下，活在当下。任何时刻都是生命中最好的时刻,既不要怀念过去的美好时光,也不要为还没到来的一切而迷失当下。唯有意识到当下不可复制,不可追忆,不可再现,我们才会领悟人生的真谛,意识到人生在世就是要全身心投入地享受当下的快乐。快乐总是转瞬即逝,快乐最大的特点就是只存在于现在,而不存在于过去或者未来。真正懂得珍惜生命的人,都是重视每一个今天的人,也是重视当下享受的人。

对所有人而言,今天都是有史以来最伟大的一天。正是过去的辉煌、坎坷与磨难才塑造了今天,每一个今天都蕴含着过去无数的成就和进步。和过去相比,今天的人们是非常幸福的,有了更高的生产力,有了更高的社会生活水平,也有了更美好的梦想。换言之,生活在今天的人们所享受的物质条件,已经远远超过了过去高高在上的帝王。所以不要再抱怨自己生不逢时了,每个人的黄金时代就是今天,就在此刻。

当然,这并非意味着我们无须回顾历史,也不用展望未来。正如唐太宗李世民所说的"以史为镜,可以知兴替"。适度地回顾历史,反思过往的经历,能够帮助我们坚持改进,坚持成长。此外,对于美好未来的憧憬如同一幅画卷在我们面前展开,也会给予我们更多的勇气和力量度过当下的艰难时刻。现实生活中,很多人正如一首歌里所唱的:"我想去桂林,有时间的时候没有钱,有钱的时候又没时间。"其实,很多梦想的实现并非需要雄厚的财力作为支撑,例如,陪伴父母和孩子,去想去的地方旅行。很多人之所以拖延,是因为缺乏足够的动力展开行动。再也不要为自己的拖延症找各种各样的理由了,与其身未动心已远,不如来一场说走就走的旅行,去进行身心的涤荡和升华。

知道自己想要什么

要想做到忠于自己,我们就一定要明确自己真正想要的是什么。很多人之所以在漫长的生命旅程中浑浑噩噩,是因为他们从未明确自己的真心,也不知道自己真正的需要是什么,更不知道如何才能把握关键问题发力。这么做的直接后果就是白白浪费了时间和精力,总是在做那些对自己的人生并不重要的事情。在此过程中,他们的欲望不断地发酵和膨胀,甚至掩盖了他们原本就很狭隘和闭塞的生活。这样的人顶多能够极其偶然地从生活中获得一些收获,而不能有意识地创造最大的价值。有些人的确非常幸运,过着不愁温饱的生活,但是运气在很大程度上带有听天由命的偶然性,不是自己真正能够主宰和掌控的。

我们必须关注生活中至关重要的20%,才能把握生活的意义。我们归根结底会发现,只有明确自身的需要,才能在人生的道路上从慢慢吞吞如同蜗牛,到全力以赴全速飞起;从默默无闻丝毫不能得到他人的关注,到成为众人瞩目的成功者;从一贫如洗,到创造大量财富帮助他人;从对社会可有可无,到成为不可或缺的重要人物。这就是明确自身需要的神奇作用。

在明确人生需要的过程中,我们要制订目标。在制订目标时，切勿贪多。很多人特别贪心，一旦开始制订目标，就恨不得面面俱到，对自己的人生进行全盘规划。俗话说，贪多嚼不烂。其实，只需要制订20%的目标即可。太多的目标除了会分散我们的时间和精力，导致我们在平均分配时间和精力之后一事无成之外，对于帮助我们集中精力攻克难关也没有任何好处。只有面对精简的目标，我们才能把至少80%的精力投入其中，从而实现更高价值的目标。

当我们如同高精度的雷达一样锁定目标，并下定决心排除万难实现目标，那么即使面对很多困难和障碍，我们也会全力以赴排除万难。

古人云，知己知彼，百战不殆。既然要实现目标，我们就要全面了解与20%的目标相关的一切事宜。在生活中，有些人的目标是获得幸福，那么就要始终牢记这个目标，不管做什么事情都要以实现这个目标为导向。这种投入具有明确的方向性，也具有非常神奇的魔力，使得一切与这个目标相关的人，都主动自发地为实现这个目标贡献力量。在实现目标的过程中，我们应该成为最强壮和最敏捷的猎犬，一旦看到猎物的行踪，就马上如同离弦的箭一样飞射出去，死死咬住目标绝不放弃。致力于实现最重要的目标也像是攻占敌人的高地，必须集中火力展开连续攻击，绝不给敌人任何喘息的机会。否则，一旦敌人得到机会补充弹药，休养身心，恢复力量，就很有可能卷土重来，使我们前面的努力付诸东流。在任何形式的战争中，攻坚战都是最激烈的，它起到了决定胜负的关键作用。

现实生活中有一个很奇怪的现象，即那些天资聪颖的人往往不能如愿以偿地获得成功，反之，那些看起来有些不够聪明的人却很笃定，总是能够朝着目标奋力前行，取得了成功。这是为什么呢？前者心思太过灵活，不管做什么事情都缺乏长性，总是在做了一段时间却没有取得成果之后就轻易地放弃。与前者截然不同的是，后者很有耐性，虽然不够聪明，却特别勤奋努力。如果说前者是玩弄聪明的兔子，那么后者就是老实本分的乌龟。在龟兔赛跑中，兔子尽管在比赛一开始的时候占据了优势，后来却因为得意张狂地躺在大树底下睡觉而失去了胜利。与兔子相比，乌龟无疑既不够聪明，也没有飞毛腿，但是乌龟很本分，一步一步慢慢地向前爬行，哪怕看到兔子一溜烟地跑到了自己看不见的前方，也没有动摇，更不曾放弃。这是因为乌龟很清楚自己无论结果如何都要完成比赛。正是怀着这样的信念，乌龟才能完成比赛，也才能出人意料地赢得比赛。

每一个始终牢记着关键目标并且为之不懈努力的人，都将会得到生活的善待。既然如此，我们就要运用二八定律扪心自问，明确自己的需求，确立关键目标。当羡慕他人的成功时，切勿把他人的成功都归咎于好运气，或得天独厚的条件，而是要看到每一个成功者在真正获得成功之前付出的艰苦卓绝的努力、坚持和毅力。

二八定律告诉我们，在这个世界上没有任何事情是一成不变的，也没有任何事情只凭着单一的原因就能获得好结果。很多看似毫无关联的事情之间存在着千丝万缕的联系，一个小小的疏忽就有可能导致全盘皆输，一个小小的改变就有可能让事情变得截然不同。所以我们既要有全局意识，也要重视所有的细节，唯有把握这些成功的关键因素，我们才能实现重要目标。

坦然面对和接纳生活的现状

人具有很强的主观性,这使得很多人误以为只要凭着心意,就能改变很多事情。其实不然,很多事情都是客观存在的,受到很多不可改变的因素的影响,这使得事情的结果无法以人的意志为转移,而要遵循自身发展的规律不断地向前推进。面对这样的情况,有些人自以为是,常常感到抓狂,他们不明白为什么自己明明已经拼尽了全力,事情却没有如愿以偿地获得成功;也有些人截然相反,面对不能改变的一切,他们选择躺平,甚至彻底放弃了努力。不得不说,这两种状态都是非常糟糕的。前者会产生严重的挫败感,也会在沉重的打击下放弃努力;后者的躺平状态并不利于改变现状,也不能激励自身全力以赴地争取更好的结果。

正确的态度是什么呢?对于无法改变的一切,坦然接受;对于可以改变的一切,则要全力改变。古人云,尽人事,听天命,就是这个意思。只尽人事,而不愿意接受最终的结果,只会给自己徒增痛苦。反之,如果只听天命,而不愿意努力去做好自己能做的事情,只是被动躺平,对于主宰和掌控命运没有任何好处。

现实生活中,很多人对于现状不满,牢骚满腹,怨声载道。其实,要想改变这样的生存状态,关键就在于改变自己的心态。

一位心理学家提出，每个人都可以选择自己的感受。例如，面对已经洒在地上的牛奶，我们可以选择愤怒，也可以选择平静地接受。不管我们选择怎样的感受，有一点是无法改变的，即牛奶已经洒在地上了，无法复原。既然结果是不可改变的，我们还有什么必要搭上好心情呢？与其满怀愤怒，不如心平气和地收拾残局。

那么，选择积极的情绪应对生活，与二八定律有什么关系呢？如果我们能够深刻地理解二八定律，就会发现对于20%的重要的事情，也就是那些可以改变的因素，我们才应该投入80%的时间和精力。反之，对于那些无法改变的80%的事情，我们不管投入多少时间和精力试图改变，都必然是徒劳的。与其让所有的时间和精力都白白浪费，我们不如区分哪些事情是可以改变的，哪些事情是不能改变的，才能有的放矢地去面对。

一般情况下，我们无法改变他人。人是主观的，每个人都可以轻而易举地控制和改变自己的想法、观点和选择，但是无论多么努力，都不可能改变他人的想法、观点和选择。也许有人认为可以采取说服的方式，但其实说服的本质是他人主动做出改变，而非我们强迫他人做出改变。唯有在保持顺畅沟通的前提下，我们才能与他人交流思想，达成共识。举个简单的例子，对于同一件衣服，有人觉得很漂亮时尚，有人却觉得俗不可耐，这就是每个人思想的本质区别。

我们无法改变过去。说起过去，很多人都会感到懊悔，后悔自己当初不够努力，没有借助学习的机会改变命运；后悔自己当初没有听从父母的建议，偏偏要去大城市漂泊和打拼；

后悔自己高考的时候偏偏选择了冷门专业，导致就业困难。老百姓有句话说得特别好，世界上没有卖后悔药的。这意味着没有人能够改变过去，也没有办法更改历史。既然如此，与其为打翻的牛奶而哭泣，不如选择为了充满希望的未来继续努力奋斗；与其沉浸在悔不当初的情绪中无法自拔，不如选择振奋精神，以昂扬的斗志面对当下，追求美好的未来。

为过去感到懊悔是毫无意义的，因为时间不可能倒流，一切更不可能重来。与其沉浸在懊丧的负面情绪中无法自拔，不如换一个角度积极地思考、寻找和捕捉快乐。事实上，每个人当下拥有的现状都是过去的产物。对于过去发生的一切事情，不管是好的还是不好的，都是塑造当下不可或缺的。当一个人否定过去，也就意味着他否定当下，这当然会使人陷入无尽的痛苦之中。从二八定律的角度来看，我们不如集中时间和精力做那些更有意义和更有价值的事情，这样才能收获满满，希望长远。由此可见，转变固有的思维方式，关注可以改变的20%是关键所在。

每个人都要致力于寻找20%的快乐时间，想方设法地维持自己的快乐，延长自己的快乐；每个人都要付出20%的时间全力投入工作，提高效率，创造更高的价值，做出更大的贡献。要想做到这一点，就要尽量放松身心，让自己保持松弛的状态。现实生活中，太多人都过于紧张和焦虑，这无形中损耗了大量的心智力量，使得自己元气大伤。不管做什么事情，都不要走极端，也不要固执己见。既然生活的本质是快乐，那我们就要怀着一颗快乐的心投入其中，尽情享受！

第六章

运用二八定律,做好时间管理

现代社会中，很多人每天都忙忙碌碌，如同旋转的陀螺片刻也停不下来。他们经常挂在嘴边的一句话就是"时间都去哪儿了"，然而，除了他们自己没有人能够给出回答。要想成为时间的主人，就要学会合理规划和充分利用时间，而不是在感觉到时间悄然流逝之后再去抱怨、懊悔甚至自责。每个人都需要树立时间观念，也要掌握珍惜和节省时间的好办法，这样才能争分夺秒地充分利用时间，用20%的时间创造80%的效益，发挥时间的最大价值。毫无疑问，时间的管理革命势在必行，而我们的当务之急是改变对待时间的态度。

忙乱只是伪装的努力

现实生活中，很多人每时每刻都在忙碌，甚至忙得脚不沾地，但是忙碌却没有什么效果，他们依然一事无成，甚至连本该做好的事情都荒废了。有些人的忙碌是有成效的，而有些人的忙乱只是虚假的，是伪装出来给别人看的。为了摆脱虚假努力的状态，我们必须彻底摆脱忙乱。要实现这一点，我们首先需要管理好时间，根据时间安排制订日常工作和学习的计划，从而按部就班、秩序井然地做好每一件事情。

也许有些朋友感到很疑惑，忍不住发问："时间是无法控制的，没有任何人能够挽留时间或者让时间停滞，在这样的情况下，我们如何能够管理好时间呢？"的确是这样的，在这个世界上，时间是唯一对所有人都绝对公平的东西。时间总是滴滴答答地向前流淌，不为任何人停留片刻，也不为任何人驻足不前。既然不能控制时间，那么我们要控制自己，以管理好自己的方式来管理时间，掌控生命，这是每个人唯一的选择。

所谓时间管理，指的是要把控20%的时间以感受快乐，创造价值。随着我们对时间的把控程度越来越高，这些占据少数的时间会逐渐增加。所以不管是职场人士，还是自由职业者，都不要再抱怨自己没有时间了。正如大文豪鲁迅先生所说的，时间就像海绵里的水，只要愿意挤，总还是有的。对善于利用时间的人而言，哪怕需要处理堆积如山的工作，需要处理烦琐的家务事，也依然可以拥有属于自己的闲暇时间，做自己喜欢并且感兴趣的事情，例如坚持阅读，坚持写作，或者偶尔去电影院看电影，和朋友一起远足。这些事情能够帮助我们放松紧张的心情，使我们在被工作与学习搞得焦头烂额之时得到真正的休息和彻底的放松。俗话说，磨刀不误砍柴工。不要认为进行休闲娱乐活动会浪费时间，其实只要进行合理的规划和安排，我们不但可以兼顾工作和家庭，还可以做自己，享受独属于自己的快乐。

现实中，细心的朋友会发现一个奇怪的现象，即有些人特别优秀，不管是对待学习还是对待工作都出类拔萃，但是这并不妨碍他们过轻松惬意、偶有闲暇的生活。反之，有些人很平庸，每时每刻都在坚持努力，试图以勤补拙，让自己有所进步和成长，却偏偏事与愿违，哪怕付出了所有的时间和精力，依然不能得到想要的结果，尤其是在学校里，这种现象更为常见。真正的学霸对待学习轻轻松松，而那些争分夺秒刻苦学习的人成绩却很一般，这究竟是为什么呢？究其原因，在于他们掌控时间的能力不同。前者有着极强的时间掌控力，面对繁重的学习和工作任务，面对有限的时间，他们能够以最合理的方式安排时间，使得时间发挥最大的作用和价值。最终，在有限的时间里，他们不但完成了既定的学习和工作任务，而且能忙里偷闲得到休息，享受闲适时光。反之，后者不懂得如何管理时间，他们不管做什么事情都眉毛胡子一把抓，不分轻重主次。长此以往，他们必然手忙脚乱，虽然付出了所有的时间和精力，但是依然不能如愿以偿地处理好各种繁杂的事务。

时间是组成生命的材料，浪费他人的时间，就是谋财害命。这是鲁迅先生留给世人的箴言，始终警醒世人一定要珍惜时间、节约时间。我们要牢记这个道理，同时，还要学会管理时间。对于人生，太多人都有遗憾，他们总是无限拖延想做的事情，认为现在还不是展开行动的最好时机。其实，这是对于生命的误解。生命的时光看似漫长，本质上却非常短暂，为了不给生命留下遗憾，我们一定要当即展开行动，做自己想做的事情。俗话说，树欲静而风不止，子欲养而亲不待。这句话告诉我们，人生中的很多事情都是经不起等待的，唯有当即去做，不管结果如何，人生才不会有遗憾。

在管理时间的过程中，我们要坚持运用二八定律。既然没有办法控制时间，那么我们需要做的就是管理好自己。对任何人来说，学会管理自己，就相当于主宰和掌控了时间。不可否认，在生命的历程中，有很多事情都需要我们去处理。如果被琐事缠身，焦头烂额，那么就会产生严重的挫败感，也会对人生造成打击。为了从根本上改善这样的局面，一定要学会管理时间，坚持在对的时间做对的事情，才能让很多问题迎刃而解。此外，还要意识到自己在哪些无关紧要的事情上浪费了太多时间，从而及时地调整，避免浪费时间。

总之，管理时间的前提就是管理自我。具体来说，管理时间的关键在于，分清楚事情的轻重主次，为自己制订人生目标，在人生目标的指引下，有序地处理好每一件事情。除此之外，管理时间还要学会提高时间的利用率，例如，根据自己在不同时段的状态做不同的事情，这样就能大大提高时间的效率。当我们真正学会抓住20%的重要时间，就能享受80%的快乐人生。

淡定从容，做时间的主人

能够掌控时间的人就能够掌控生命。掌控时间的关键在于，要合理地安排时间和充分地利用时间。很多人都抱怨没有时间做想做的事情，每天都忙得焦头烂额，其实解决这些问题的根源就在于掌控时间。

要想成为时间的主人，就要坚持二八定律。本质上，二八定律是神奇的效率法则，它告诉我们如何采取有效的措施，提升做各种事情的效率，从而实现自己的目标。毫无疑问，不管是对于学习还是对于工作，每个人都有目标。实现目标是有很大难度的，最重要的不是如同孙悟空一样变出无数的自己负责做好各种琐碎的事情，而是要学会给时间分身，采取统筹的方法让同样多的时间具有更高的效率，也争取在一段时间内完成更多的事情。

很多人都把时间的存在当作理所当然，因而对于时间的存在就像是对于空气一样无知无觉，更是很难觉察到时间的悄然流逝。正因如此，他们不知道如何珍惜时间，也不知道如何充分利用时间。在不知不觉中，生命就和时间一起流逝了。当有一天时间不复存在，生命也就会失去载体，彻底消亡。

当坚持运用二八定律,深入了解二八定律为我们揭示的不平衡规律,也接受二八定律的启迪,调动人生的智慧时,我们就会有很多发现。例如,不管做什么事情都要分清楚轻重缓急;不管做什么事情都要把握最重要的环节;不管做什么事情都无须事事亲力亲为,而要集中时间和精力攻坚克难;不管做什么事情,都要追求卓越,尽力做到更好……事实告诉我们,当我们坚持抓重点、抓关键时,就能有效提升做事的效率,就能在很大程度上节省时间,成为时间的主人。

在职场上,有些管理者不能胜任管理工作,不是因为他们自身的能力有限,也不是因为他们没有相应的权限,而是因为他们依然遵循普通员工的思维和做法,对于任何事情坚持亲自做好。毋庸置疑,每个人的时间和精力都是有限的。在作为普通员工的时候,我们尚且可以拼尽全力做好所有事情,一旦升职为管理者,我们需要面对和处理的事情就会越来越多。在这种情况下,除非我们和孙悟空一样擅长七十二变,否则根本不可能做好所有的事情。随着职位的不断提升,我们需要处理的事情变得越来越多,因而我们要与时俱进地成长,及时意识到作为管理者必须学会授权和放权,也要有意识地培养得力干将,在左膀右臂的支持下做好更多事情。真正优秀的管理者不需要把所有事情都做好,只需要运筹帷幄,带领整个团队保持正确的方向,牢记既定的目标,不懈努力,拼搏进取。

不管多么优秀的医生都需要助手。在他们做出治疗方案和计划后,助手负责具体执行。虽然能够成为总统的人都是非常优秀的，但是他们不会亲自做琐碎的家务事，也不会亲自修理汽车，毕竟他们有更重要的事情去做。总之，越是出类拔萃者，越是要把自己从无休止的小事情中解放出来，这样才有更多的脑力去思考那些重要的事情，也才有更多的时间去做真正擅长的事情。

每个人都是肉体凡胎，既需要满足基本生活需求，也需要做好生活中的很多事情，我们难免会觉得精力不济，时间有限。面对这样的情况，一定要学会腾出更多宝贵的时间做最重要的事情，而不要把时间浪费在那些不值一提的小事上。

坚持二八定律，就是要把最重要的20%的时间用来处理能够创造最大价值和最大收益的事情，并致力于完成那些难而正确的事情。比起把大量时间用于做没有效益的事，这是更为重要的时间分配原则。

俗话说，一寸光阴一寸金，寸金难买寸光阴。对所有人而言，时间都是无价之宝，也是生命存在的唯一形式。时间一旦流逝，就永远不会再回来。为了珍惜有限的生命，珍爱宝贵的时间，我们无须时刻紧盯着那些不重要的细节，更不要只为了节省少量的金钱就浪费大量的时间。富人和穷人最本质的区别之一，就是富人会用金钱购买时间，而穷人只会用时间换取金钱。在考量做事情的成本时，我们除了要核算资金成本和人力成本，还要核算时间成本。很多人都特别看重资金成本和人力成本，唯独忽略了时间成本。每个人都要提高对时间的重视程度，在做一件事情之前就先预估需要耗费多长时间，以及能否得到预期的效益。

　　在经过一番认真细致的对于时间的衡量之后，我们会意识到，与其做很多事情浪费宝贵的时间和精力，不如选择放弃做这些事情，而节省时间和精力去做其他更重要的事情，从而获得更大的收益。总之，人生的时光是非常宝贵的，我们唯有合理安排时间，把每一分每一秒的时间都用在最重要的事情上，才能最大限度地提高时间的利用率，让时间为成功提供助力。

珍惜每一刻的闲暇时光

正如古人所说，人生如同白驹过隙，转瞬即逝。人生看似漫长，却很短暂，我们唯有把握生命的重点，才能用有限的生命时光创造无限的价值，做出真正有意义的事情。前文已经说过，要想管理好时间，首先要管理好自己。除此之外，在管理时间的过程中，我们还要珍惜每一刻的闲暇时光。对于闲暇时光，大多数人都采取漠视的态度，认为闲暇时光就是用来发呆的，或是用来休息的，因而对于闲暇时光总是漫不经心地度过。有人则恰恰相反，他们意识到闲暇时光也是生命中至关重要的组成部分，为此他们有意识地安排闲暇时光，充分利用所有的碎片化时间。从表面来看，闲暇时光和碎片化时间都是很零散的，也都十分短暂。但是，只要充分利用这些时间，就能积少成多，让原本零碎的时间成为大段的时间。

例如，如果每天都能利用排队等车的时间和在食堂等待打饭的时间背诵英语单词，那么日积月累就能背诵大量的英语单词。如此一来，我们无须专门抽出大段时间背诵英语单词，这就相当于留出了大段时间做其他事情。需要注意的是，只是利用零碎时间做一些小而灵活的事情，还不能真正起到节约时间的作用。对于大段的时间，必须要进行统一规划，并进行整体部署和安排，这样才能对时间加以充分利用，绝不白白浪费。

除工作日之外，周末和节假日的时间也是可以利用的。如果说平日里的闲暇时间比较少，那么就更应该充分利用周末和节假日的时间。古今中外，无数成功人士之所以能够获得成功，不是因为他们独具天赋，也不是因为他们抓住了很多好机会，只是因为他们足够勤奋，善于利用时间。如果说在工作日里所有人都处于同一条起跑线上，那么周末和节假日的努力则能够让我们出类拔萃。

真正的闲暇时间是可以自己自由支配的，其显著特征就是自由。通常情况下，我们在工作时间内必须完成既定的工作任务，在工作以外的时间里，我们才是自由的。在工作时间内，作为医生，不管是否有病人需要诊治，都必须守在工作岗位上随时待命；作为老师，不管是否正在给学生上课，都不能从事与教育教学工作无关的其他工作。在工作时间之外，医生则可以做自己喜欢的事情，例如绘画、唱歌和写作；老师也可以做想做的事情，例如做一顿美食，去想去的地方旅行。总而言之，对于闲暇的时间，每个人都有绝对的支配权力，可以随心所欲地做任何事情，也可以选择什么事情都不做，就这样安安静静地待着。

要想充分利用闲暇时间，我们首先要意识到闲暇时间的价值。闲暇时间并不是可有可无的时间，而是一笔非常宝贵的财富。对于所有人而言，金钱可以买到很多东西，却买不来自由的空闲时间。所以一旦有了闲暇的时间，我们就要抓住机会坚持学习，坚持成长，坚持进步。

很多人误以为自己在每天的大部分时间里都在学习和工作，其实不然。和工作的时间相比，闲暇的时间是更多的。对于闲暇时间的存在，有些人之所以无知无觉，是因为他们从来不懂得珍惜闲暇时间，更不曾充分利用闲暇时间。对有理想的人而言，实现梦想离不开时间成本；对热爱工作的人而言，利用工作创造自身的价值也离不开时间成本。

有专门的研究机构进行了调查，发现在漫长的人生中，以70岁的年纪为例，一个人会花费16年的时间工作，花费19年的时间睡觉，除此之外的时间都属于闲暇时间。把所有的闲暇时间汇聚在一起，我们就会惊讶地发现，对70岁的人而言，闲暇时间居然高达35年。也就是说，大多数人拥有的一半生命都是在闲暇中度过的。试想一下，如果能够充分利用闲暇时间，那么产生的作用会是惊人的。

要想顺利开展时间管理革命，首先要进行思想革命，树立新的时间观念，养成各种珍惜时间的好习惯。以二八定律为指导，我们需要做的是对时间的安排和利用进行全面分析，从而找到此前在利用时间的过程中存在的错误，这样才能彻底把自己从紧张忙碌的状态中解放出来，也才能运用20%的时间创造80%的价值，运用20%的时间创造80%的快乐。

对所有人而言，时间革命势在必行。很多人在利用时间的过程中进入了误区，饱受时间问题的困扰，更不知道如何利用最短的时间创造更美好的生活。无数事实告诉我们，和大多数无效的时间相比，少部分重要的时间是更有价值的；与大部分无效的活动相比，少部分重要的活动是更有意义的。从现在开始，我们就要抓住至关重要的20%的时间和20%的活动，为自己的精彩人生添砖加瓦，贡献力量。

区分事情的轻重缓急

在现实生活中,大部分时间未必能够创造大部分价值,反之,少部分时间却有可能创造大部分价值,这无疑是一种极不平衡的状态,却也揭示了很多事物的本质规律。很多人都不曾发现这样的不平衡现象,把这种现象进行扩大化,我们就会发现不平衡的现象无处不在。例如,我们在大概20%的时间里获得了成功,但是成功未必能让我们感到快乐。看到这里,一定有很多读者朋友都感到困惑,也忍不住问自己:我是想要获得成功,还是想要获得单纯的快乐呢?如果答案是前者,那么我们要继续努力,再接再厉,才能距离成功越来越近;如果答案是后者,那么我们要更加关注自己的本心,意识到快乐是一种主观的感受,调整好心态才能更多地感受和捕捉快乐,否则快乐就会转瞬即逝,从我们的生活中消失。

对于大多数人的人生来说,快乐的时光总是短暂的,很有可能只占不足20%的时间。在大多数时间里,我们因各种事情而烦恼,为了实现人生的目标而不懈奋斗,为了获得梦想中的成功而咬紧牙关坚持努力。虽然时常感到痛苦和煎熬,但是生命中的大多数日子都是普通且寻常的,既不快乐,也不悲伤。

要想拥有更多的快乐,除了要寻找快乐,还要驱散那些不快乐的阴云。这就要求我们要认清哪些事情会使我们不快乐，才能明确不快乐的根源，也才能有的放矢地铲除它们。

如果人生的目标并非获得快乐，而是获得成功，那么我们要明确自己的哪些表现是好的，哪些表现是不好的。在一段时间内，我们总有些日子精神振奋，也总有些日子心神不宁。对于如同打了鸡血一样全力以赴的日子，我们要知道它们的共同点；对于颓废、沮丧、停滞不前的日子，我们也要找到它们的共同点。唯有以此为前提，我们才能确定哪些日子是值得复制、模仿和超越的，哪些日子的状态极其糟糕，是需要尽量避免重复的。

当明确了自己在哪些日子感到快乐，也明确了自己在哪种状态下能够获得成就之后，我们对于自己也就有了更加全面的了解，知道自己擅长做什么事情，不擅长做什么事情。不管做什么事情，都要有明确的目标，只有在目标的指引下，我们才能果断地采取正确的举措，从而达到事半功倍。反之，如果没有目标的指引，只是遵循本能浑浑噩噩地去做很多事情，就会陷入无用功的怪圈之中，无法自拔。

在坚持管理和使用时间的过程中，二八定律起到了重要的作用。坚持二八定律，能够帮助我们精简做事的流程，提高做事的效率，也能最大限度地节省时间。任何时候我们都有理由相信，如果我们坚持最大限度地发挥20%的作用，那么我们就会收获充实快乐的人生。

具体来说，要让20%的时间达到最大效益，关键在于区分事情的轻重缓急。现实生活中，很多人做事都茫无头绪，或者东一榔头，或者西一棒子，具有极大的随机性。这使得他们看似紧张忙碌，实际上正在白白浪费时间，还有可能因此而错过千载难逢的好机会。

按照轻重缓急这四个维度，我们可以把事情分为四大类，即重要且紧急的事情、紧急但不重要的事情、重要但不紧急的事情、不紧急也不重要的事情。坚持按照这个顺序处理所有的事情，我们就能保证自己始终在处理所有事情中最重要且最紧急的事情，极大地提升做事的效率。

毫无疑问，重要且紧急的事情必须优先处理，其次是紧急但不重要的事情。那么，为何要先处理紧急但不重要的事情，而不先处理重要但不紧急的事情呢？这是因为有些事情虽然没有那么重要，但是因为特别紧迫，一旦处理不及时，就会产生严重的后果。因而，我们要把紧急的事情排在重要事情的前面，优先处理紧急程度高的事情，继而是重要但不紧急的事情，最后才是既不重要也不紧急的事情。对于既不重要也不紧急的事情，有时间就去做，没有时间的话，选择放弃也不会引起很严重的后果。

如果把做事情的顺序颠倒了，浪费大量的时间与精力处理无关紧要的事情，最终却没有时间做非常重要的事情，这显然是本末倒置了。既然20%的时间能够创造80%的收获，而80%的时间却只可能创造20%的收获，那么我们就要充分发挥20%的时间的价值和作用。当我们深谙管理时间之道，就能提高20%的时间创造的价值。同时，我们还可以把更多时间纳入20%重要时间的范畴，使其发挥不可取代的重要作用。

在每日日程安排上，很多人都写下了若干条需要处理的事项。在所有事项中，有些事情是有价值的，有些事情却是毫无意义的；有些事情能够给我们带来丰厚的回报，有些事情却是低回报的，不值得我们为此付出。其实，要想做好时间管理，还需要融入经济学的观点，即衡量不同工作和活动的价值，选择高回报与高价值的事情去完成。这就像是人们的衣橱里总是堆积着很多衣服，有些衣服已经陈旧落伍了，却依然占据着衣橱的很大空间。为了让衣橱物尽其用，我们应该抛弃这些陈旧的衣服，从而用更大的空间摆放新衣服。

具体来说，要想避免时间的低价值，就要遵循以下原则。

首先，对于能让他人代劳的事情，不妨交给他人去做。例如，日理万机的国家领导人是不可能事必躬亲的，他们只能集中时间和精力做关于国家的大事，而把小事都交给相关的负责人。再如，对于花钱能够买到的服务，除非亲自去做并且乐在其中，否则完全可以花钱购买服务或者解决问题。

其次，坚持做自己擅长的事情，对于自己不擅长的事情，则要学会寻找助力。现代职场上越来越讲究分工与合作，每一项工作的专业化程度都越来越高。对于自己的分内之事，我们自然要不遗余力地做好。对于超出自己责任范围的事情，我们则可以求助于他人，或者与他人合作。举例而言，到了每个月发薪水的日子时，总有很多同事不明白是如何扣税的。作为会计，与其对每一个前来咨询的同事都耐心解释，不如给所有人的邮箱发布一则公告，告诉他们如何计算薪资报酬以及如何扣税。和对某个同事解释相比，发布公告的确要占用更多时间，但是和对所有同事挨个解释一遍相比，发布公告则大大节省了时间。

再次，不要做别人不感兴趣或者厌烦的事情。在组织机构内部，不管做什么事情都要以结果为导向，如果不能达到预期的效果，做了很多事情却反响平平，那么还不如不做。当然，个人的权力是有限的，在必要的时候，可以向上司申请取消做某件事情，从而节省时间。

最后，不要做毫无意义的、枯燥乏味的事情。很多事情本身就是毫无意义的，例如在开会的过程中讲述一些题外话，或者说一些不值一提的小事情，这都是在浪费大家的时间。作为参加会议的员工，如果在漫长的会议中感到万分无聊，不知道该如何打发时间，那么就可以想方设法地逃避会议，或者在会议过程中开小差，阅读一些工作资料，提前做一些工作准备等。

除此之外，还有很多事情都是无关紧要的，例如接听不那么重要的电话时，对方偏偏在电话里滔滔不绝，口若悬河，那么可以把电话免提后放在一边，或者是随便找个什么理由挂断电话。再如，对一件事情的投入超出预期，即使已经努力了很多次，依然不能解决问题。在心理学领域，有一个及时止损效应，意思是说当大多数人真正开始做某件事情，而且也已经投入了时间和精力之后，往往不能当机立断地下定决心终止。在这种情况下，我们完全有理由及时终止这件事情，不再投入人力成本和时间成本，否则损失就会越来越大。

总之，只有那些付出20%的时间就能够得到80%的收益的事情，才是值得我们去做的。每时每刻，我们都应该牢记自己的目的是获得成功或者获得快乐，而不要因循守旧地做很多低效率的事情，更不要在付出之后一错到底，不知道如何止损。古今中外，很多成功者之所以能够获得成功，唯一的秘诀就是始终坚持做最重要的事情。

作为美国伯利恒钢铁公司的总裁，曾经有一段时间，查理斯·舒瓦普很为公司的发展和前途而感到忧愁，在意识到公司的各个部门效率都很低下之后，他更是一筹莫展。一个偶然的机会，舒瓦普得到了中肯的建议，即请教大名鼎鼎的效率专家艾维·利。利果然没有辜负舒瓦普的期望，在得知舒瓦普的来意之后，利当即毫不迟疑地表示，只需要十分钟，他就能够给出有效的建议，帮助舒瓦普快速提升伯利恒钢铁公司的业绩，达到此前业绩的150%。说着，他拿出一张纸递给舒瓦普，解释道："现在，请你在这张纸上，把你明天准备做的6件事情列举出来。记住，这六件事情必须是最重要的。"这非常简单，舒瓦普拿到纸和笔，才用了5分钟，就列举出了6件事情。

看着舒瓦普列举的六件事情，利继续说道："接下来，请你按照从最重要到最不重要的顺序，重新对这六件事情进行排序。"这个要求依然非常简单，舒瓦普只花了短短的5分钟就排列好了事情的顺序。接着，利对舒瓦普说："然后，你就可以离开了。记住，明天早晨你到办公室的第一件事情，就是把这张纸条拿出来，然后对照上面所列举的各项事宜，按照从最重要到最不重要的顺序逐项完成。"对于利郑重其事给出的策略，舒瓦普半信半疑。但是，他目前没有更好的办法，因而决定试一试利的办法是否灵验。从此以后，舒瓦普每天都会提前按照从最重要到最不重要的顺序列举好次日需要完成的重要事宜。大多数日子里，他都能完成所有事项，极少数日子里，他就算不能完成所有事项，也会保证完成最重要的事情。才坚持了一段时间他就惊讶地发现这么做效果显著。为此，他当即把这个方法推广到全公司，并且要求所有员工都坚持这么做。很快，整个公司的效率大幅度提高。这个时候，舒瓦普填写了一张支票邮寄给利，虽然这张支票金额巨大，他却觉得物超所值。

　　利提出的方法有何与众不同之处呢？通常情况下，很多人都会根据紧急程度来决定做某些事情的顺序，而无形中忽略了事情的重要程度，这就使得他们总是被各种事情牵着鼻子走，压根无法发挥自身的主观能动性，也不能未雨绸缪地安排好所有事情。利提出的方法恰恰相反，他不再按照紧急程度，而是按照重要程度给事情排序。这就使人们由被动到主动，既分清了事情的主次，也能够考虑到事情的重要性。

　　除了以事情的重要程度进行区分，我们还要优先完成那些必须亲力亲为的事情。例如，某件事情必须由我们亲自去做，那么与其拖延，不如主动出击。在很多情况下，越是无限度拖延下去，越是会导致事情变得被动，失去先机。既然如此，我们不如化被动为主动，坚持主动出击。这才是成功的关键。二八定律的精髓就是先做最重要的事情，这样才能让我们的生活有条不紊，秩序井然。

保质保量才能保证高效

不管做什么事情，只保证量而不保证质，算不上真正的高效。唯有在保质的前提下提升数量，才算是真正的高效。和量相比，质是前提，也是更加重要的关键因素。要想遵循二八定律，我们既要考虑保质，也要考虑保量，唯有做到质量齐升，才能实现终极目标。

尽管人们常说量变引起质变，但是，依然有很多人盲目地追求量，而忽略了质。例如，很多人因为学习任务繁重，或者工作压力巨大，就选择以压缩睡眠时间的方式挤压出更多的时间供自己支配。其实，这种涸泽而渔的方式是不可取的。不可否认，有些人的睡眠时间的确比较短，但这是因为短暂的睡眠能够满足他们的需求。反之，如果一个人本身需要8个小时的睡眠，每天却只能睡6个小时，那么日久天长，他们必然会出现严重的睡眠不足的现象，从而导致精力涣散，注意力严重下降等。但是，在很多极端的情况下，如果不能保证充足的睡眠，就要提升短期睡眠的质量。这是提高休息质量的关键。

和睡眠一样，学习和工作也是需要保证高效的。例如，作为学生，每天都要学习很多新知识，也需要记忆很多新的内容。在学习的过程中，记住那些重要的知识当然很重要，记住无关紧要的内容却是在浪费时间。比如说，学生需要尽快熟练地背诵课文，而不需要熟练地背诵报纸上的无关内容。与其浪费时间去背诵报纸上的内容，不如浏览更多的报纸内容从而储备更多的写作素材。

时间是有限的，生命更是宝贵的。我们要把非常宝贵的生命时光用于做最重要且最有意义的事情，而不要将其浪费在无关紧要的事情上。只以达到某种量的标准为口号是远远不够的，唯有在质上达到至关重要的20%，才能创造80%的效率。否则，哪怕付出努力，对于结果也不会有很大的影响。

作为时间管理大师，哈林·史密斯最先提出了"早起3小时"的生活理念。他认为，只要把每天起床的时间提前3小时，也就是让一个平日里八点起床的人提前到五点起床，那么他就能提前三个小时进入崭新的一天。在5:00~8:00的三个小时是非常神奇的，因为此时还没有开始工作，也不算是严格意义上的闲暇时间，所以我们完全可以不受任何干扰地利用这三个小时，做自己真正热爱和想做的事情。仅从一天来看，早起三个小时并没有什么出奇之处，但如果我们每天都能坚持早起三个小时，并且充分利用这段时间，那么假以时日，效果必然非同凡响。

从本质上来说，早起三个小时就像是在和时间赛跑，真正能够跑赢时间的人，必然能够成为时间的主人，并创造人生的奇迹。具体来说，早起三个小时的好处数不胜数。例如，在坚持早起的时间里，整个世界还在沉睡之中，黎明的微光照耀着大地，我们的内心将会前所未有地感到平静，这使得我们可以静下心来专注于自己的事情。此外，早起的三个小时是绝对不受打扰的，既没有家务事缠身，也没有客户不合时宜的电话，这使得我们在全神贯注的状态下工作效率大幅度提高，花费同样的时间工作，却能得到几倍的工作效率，收获几倍的工作成果。

当然，要想坚持早起三个小时，就要坚持早睡。如今，很多年轻人都是夜猫子，他们每天白天昏昏欲睡，到了晚上就精神抖擞，恨不得盯着手机彻夜不眠。长此以往不但严重损害了视力，而且导致昼夜颠倒，效率低下。坚持早睡早起，可以保证每天都获得充足的休息，也能提升自信心和保持自律，可谓一举多得。

总之，每个人都要坚持成为时间的主人，真正主宰和掌控时间，真正驾驭自己的命运。

节省时间的方法

关于节省时间,每个人都有心得和体会,也有自己认为好的方法。说起时间,大多数人都会心生疑惑,不知道在这个世界上谁能真正地掌控时间。这是因为大多数人都发现了一个残酷的事实,即我们从来没有完全拥有过时间,更不曾彻底享受时间。大多数人都被时间裹挟着向前走去,他们每天的日程安排都排得非常满,密密麻麻的,没有头绪。每时每刻,甚至是每分每秒,他们都疲于应付繁杂的事务,甚至无暇思考对自己而言这些事情是否真的很重要,是否真的有意义且有价值。

一旦陷入这样的困惑之中,我们就会产生无力感,既不能掌控时间,也不能支配人生。长此以往,挫败感如影随形,我们也心力交瘁。为了避免这种现象发生,我们必须管理好时间,管理好自己,尤其是要积极地调整那些坏习惯,避免继续因为一些习惯性的举动而浪费时间。很多年轻人都有这样的感受,即辛苦工作了一整天,一旦躺在床上拿起手机,马上就会如同打了鸡血一样精神抖擞,困意全无。很多年轻人看起手机没完没了,不知不觉间就到了深夜,等到哈欠连天时终于舍得放下手机睡觉,次日早晨无一例外地顶着熊猫眼去单位继续应付工作。每当被闹钟叫醒时,相信很多年轻人都会为自己前一天晚上放纵地玩手机而感到后悔，毕竟只需要认真想一想就会意识到，看那些无聊的小视频或者网页新闻都是毫无意义的。然而到了晚上，又会一切如故。这使得大部分年轻人的生活都进入了恶行循环的状态，无法挣脱束缚，无法改变现状。

要做到合理充分地利用时间，就要坚决坚持下面的做法。

第一点，在准备休息之前，一定要把手机放到卧室以外远离自己的地方。很多人一旦躺在床上，就会情不自禁地拿起手机看一看。这一看，短则半个小时，长则一两个小时，无形中浪费了宝贵的睡眠时间，既不能保证休息，还会影响次日的正常工作。手机就像是时间的黑洞，总是在人们不知不觉中吞噬时间。

第二点，戒掉网购瘾。很多人都有网购瘾，和传统的购物模式相比，网购显然是更加方便的，这也就使更多人产生了购物瘾。只需要打开网页或者应用程序就能在购物网站的页面上随意浏览，只需要动动鼠标就能把需要的商品加入购物车，只需要输入密码就能完成数字支付。总之，网购太便捷了，这使得只要是在有网络的地方就能轻松购物，而无须受到天气、时间等因素的制约。面对着日益严重的购物瘾，我们可以卸载购物网站或者是购物APP，还可以让自己的数字支付账户里没有余额，或者是取消透支的支付方式。近些年来，很多人奉行断舍离，那么就要从购买的源头上下手，精简购物，这对于真正做到断舍离是极有好处的。

第三点，坚决果断，拒绝拖延。很多人做事都迟疑不定、犹豫不决，总是再三考量，却依然拿不定主意。殊不知，这样犹犹豫豫非但会延误最好的时机，还会浪费自由的时间。因为在有事情悬而未决的情况下，我们很难全身心投入地享受自由时光，而总是情不自禁地继续思考，试图做出决断。当断不断，反受其乱，说的就是这个道理。正确的做法是在全面权衡利弊之后第一时间就做出决定，一旦打定主意或者下定决心之后就不再动摇。当面临太多的选项，一时之间不知道如何抉择时，还可以缩小选择的范围，只给自己几个有限的选项，这样选择会变得更加容易。

第四点，尽力而为地帮助他人，切勿勉强自己。为了帮助他人而勉强自己，使自己陷入进退两难的境遇是得不偿失的。不管什么时候，帮助他人都要量力而行。每个人的能力都是有限的，超出自己的能力范围去做一些事情，非但不能达到预期的效果，还有可能导致事与愿违。尤其需要注意，千万不要盲目对他人做出承诺，否则就会因为不能兑现承诺而承受巨大的心理压力，也会因此给他人留下糟糕的印象。

当然，除了上述这些方法，还有很多方法都可以帮助我们节省时间。例如，与人沟通时要提前组织好语言，做到言简意赅；做事情之前要制订好计划，根据计划按部就班地去做；凡事都要未雨绸缪，在事情没有发生之前就要面面俱到地考虑，尽量把有可能出现的问题提前解决。这些方法将会大大缩短整件事情的进程。

总之，时间是有限的，要做的事情却是无限的。为了节省时间，我们要以20%的努力获得80%的回报。当我们坚持这么做时，就会收获惊喜。

第七章

运用二八定律,培养个人习惯

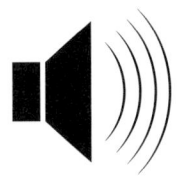

好习惯成就人生。在培养习惯时，我们同样可以运用二八定律，这样能花费最少的时间，培养出最好的习惯，也才能保证做事的效率。如果没有好习惯，很多行为都是拖沓、低效率的，这无疑会导致失败。

未雨绸缪，做好备选方案

俗话说，狡兔三窟。不管做什么事情，我们都要提前做好备选方案。一旦出现纰漏，或者是事情没有朝着预期的方向发展，我们就可以启动备选方案。有备无患，说的正是这个道理。

很多人都喜欢看好莱坞大片，这是因为精彩的影片情节扣人心弦，场面宏大，尤其是高潮的部分，更是波澜起伏。在有些影片中，主人公是不折不扣的硬汉，即使知道胜算很小，也会义无反顾地去做自己该做的事情，创造生命的奇迹。在其他电影里，主人公则会做好备选方案。例如，在《生死逃亡》这部影片中，由于陨石随时有可能撞击地球，所以人类想方设法地阻止灾难发生。人们的首选方案是引爆陨石内部的核结构，使陨石在撞击地球之前就爆炸。在选出最合适的人执行任务之际，为了让执行任务的人破釜沉舟，大家并未说明备选方案的存在，然而是有备选方案的。

现实生活中，很多人都不愿意进行积极的思考，也不愿意勇敢地面对现实，而总是试图以逃避的方式，如同鸵鸟一样把自己的头埋藏在沙堆里。在产生逃避的心态时，就意味着我们已经输掉了一半。反之，如果能够保持积极的心态，坚定不移地采取各种措施和手段争取成功，就不会陷入困境之中。人具有强烈的主观性，主观的意志力会给人以强大的勇气和无限的力量。

不管多么充满自信，也不管多么坚定不移，我们都有必要准备备选方案，这样才能运用二八定律，哪怕遭遇意外的失败，也能镇定从容地应对。有些时候情况特别复杂，只准备一套备选方案是不够的，那么还需要准备第三套，甚至是第四套备选方案。

那么，究竟什么才是备选方案呢？所谓备选方案，就是在我们做好周全准备的情况下，又额外考虑到有可能发生的情况，因而提前做好的规划和应对方案。在商业运作中，每个项目负责人都有必要做好备选方案，因为真正的万无一失是绝不存在的。我们固然要始终牢记目标，满怀信心地采取行动，却也要考虑到糟糕的结果，从而做好预案。这正如导弹在发射之前就瞄准了目标，但是这并不妨碍我们在导弹运行的过程中继续调整轨迹，从而保持正确的方向。

备选方案，就是发射导弹之后的微调，它往往能够起到决定性作用。俗话说，人算不如天算，我们哪怕机关算尽，把所有可能出现的情况都考虑在内，也没有办法保证事情一定会朝着我们预期的方向发展。任何事情都有可能遭遇小小的挫折，发生出乎意料的变化。要想平稳地度过这些突发情况，备选方案就派上了用场。

但是，这并不意味着我们一旦发现异常就要当机立断地放弃首选方案。如果通过略微调整的方式，就能继续执行首选方案，那么依然要以首选方案优先。改变方案并不是能够轻易做出的决定，要综合各个方面的情况仔细权衡、慎重考量后才能做出定夺。退一步而言，即使真的启用了备选方案，也未必能保证它完全符合实际情况。在这种情况下，我们依然需要进行小幅度的调整。

总之，世界上的万事万物都处于发展和变化之中，很多事情并不像我们想象中的那么简单。既然如此，先把事情想得复杂一些是没有坏处的，毕竟有备无患强于措手不及。哪怕面对再简单的事情，也要将其放在变化的背景中去看待，以发展的眼光去衡量。当面对复杂的事情时，就更要面面俱到地关注所有细节，预先设想到很多有可能发生的情况。

诚信，是做人的根本

诚信，是做人的根本。一个人要想立足于世，就一定要讲究诚信，树立口碑和信誉，否则，一旦失信于人，将来就很难再次赢得他人的信任。在现实生活中，出于考虑很多因素的需要，我们必须在时间上有所规划。显然，只靠着二八定律，我们很难顺利解决与此相关的诸多问题，必须辅之以诚信，我们才能树立自己的口碑。在古代社会，商人经商靠的就是诚信二字。如果没有诚信，就无法与他人建立关系，更不可能维持商业往来。

需要注意，诚信不是天生的，也不是一蹴而就就能获得的。在建立诚信的过程中，只靠着自身的努力是远远不够的，我们还要把对方也纳入考虑的范畴仔细权衡。古今中外，每一个成功者都有自己成功的理由，他们唯一的共同点就是讲究诚信。从这个意义上来说，我们必须深刻意识到建立诚信的重要性，这样才能当即开始以行为举止建立诚信，并且赢得他人的信任和支持。

现实生活中，很多人把诚信看得比自己的眼睛还重要，这是因为他们深知铸就诚信的盾牌是很难的。然而，有些人则恰恰相反。他们举止轻佻，随随便便就会许诺，却从不把兑现诺言放在心上。在这个过程中，他们既失去了他人的信任，也给他人留下了糟糕的印象。不要觉得建立诚信必须通过那些了不起的大事情，事实告诉我们，很多微不足道的小事就能巩固信用，也能树立口碑。例如，作为教师要记住每一个学生的名字，而不能把学生记混；作为学生要认真对待每一场考试，遵守考场纪律，而不要投机取巧；作为商家要始终以商品和服务的质量为根本，坚持把顾客当成上帝，而不要随口承诺顾客却又不能兑现；作为医生要把患者的生命安全放在第一位，切勿被各种利益蒙蔽心智，失去做医生的道德和良知……看起来，这是不同职业的从业者应该坚持的道德底线，实际上却是建立诚信必须做出的举措，更是做人需要坚持的底线。

这些事情看起来是很容易的，但是真正做到却很难。每个人都必须有坚决的态度，认识到这些不起眼的小事起到的重要作用，只有这样才能有效地建立诚信。从传承的角度来说，我们只有坚持继承前人的"传统"才能形成优秀的品质，保持与众不同的风骨；从行为的角度来说，只有做好这些点点滴滴的小事，我们才能以点滴的力量铸就诚信。

那么，二八定律与建立诚信之间有什么关系呢？我们想要运用二八定律养成各种好习惯就要认识到，要想获得成功，建立诚信就是那至关重要的20%。如果没有良好的诚信，我们就无法立足于世；如果没有各种好习惯，我们就不可能自然而然地做出对自己有利的事情。

现实生活中，很多人都凭着诚信走天下，但也有人因为失去诚信而寸步难行。在如今的诚信时代里，信用与个人的征信捆绑在一起，那些被列入失信名单的人无法乘坐飞机、高铁等便捷快速的现代交通工具。一个人如果有信用污点，那么他的子孙后代都无法从政，也无法从军。可以说，诚信被提升到前所未有的高度，每个人都要引起足够的重视，更要建立诚信，爱惜信用。

曾子是孔子的学生，他很讲究诚信，对待孩子也从来不会食言。有一天，曾子的妻子要去赶集，儿子哭闹不止，也想要跟着去赶集。这个时候，曾子的妻子安慰孩子："乖孩子，你快回到家里等着，我赶集回来，就杀猪给你吃肉。"在当时，人们的生活条件极差，大多数人家里养的猪都是用来过年的，必须等到年末才能杀。听到妈妈说有猪肉吃，儿子马上停止哭闹，乖乖地回到家里等着。等啊等啊，一直等到日落西山，眼见着妈妈还没有回来，儿子着急了，就坐到院门前面，眼巴巴地看着妈妈回来的方向。不承想，儿子没有等到妈妈，却等来了爸爸——曾子回来了。看到儿子乖乖地坐在院门前，曾子很纳闷，就询问儿子发生了什么事。儿子当即把妈妈的话告诉了曾子，曾子看到天色已晚，就带着儿子回到院子里开始磨刀。

正当曾子卖力磨刀时，妻子回来了。她纳闷地询问曾子为何要磨刀，曾子说，要杀猪给儿子吃肉。妻子忍不住嗔怪起来，说道："你呀，真是个书呆子，我就是随口一说骗骗小孩子的，现在离过年还早着呢，怎么能真的把年猪杀了呢？"妻子话音刚落，曾子就正色道："那可不行，大丈夫一言既出，驷马难追。作为父母，更要在孩子面前讲诚信。这一次你如果骗了孩子，孩子将来不愿意相信你，你还怎么教育孩子呢？"妻子觉得曾子说得有道理，就和曾子一起把猪杀了，煮了一大锅香喷喷的猪肉给孩子吃。

父母是孩子的第一任老师。作为父母，要想教育好孩子，就必须在孩子面前建立诚信，树立威信。如果父母对孩子食言，导致孩子将来不愿意相信父母，那么家庭教育就无以为继。

其实，不管扮演怎样的角色，我们都要讲究诚信，做到一诺千金。诚信是做人的根本，也是人生的基石。唯有诚信，才能立世；唯有诚信，才能立人。

当机立断，才有力量

每个人要想拥有强大的力量，就要做到当机立断。那些优柔寡断的人是没有力量的，他们自身的犹豫不决和迟疑不定使他们变得无助和无奈。

人生最大的神奇之处在于未知。没有人能够准确地预知未来，这就决定了所有人都在对未来的揣摩中度日。当然，这并不意味着我们要如同盲人摸象那样度过一生，其实，我们依然可以尝试着预测未来。在预测未来的过程中，绝大部分的因素让未来有了一定的确定性，而小部分不确定的因素，也就是命运的无常，则使得未来充满了更多的可能性。即便如此，我们也不能陷入对未来的恐惧之中，而是要拼尽全力把握一切能够把握的因素，与此同时，还要坦然地接受命运的安排，以积极的态度去努力改变人生。

现实生活中，极少有人能够完全按照自己的心意生活。那些寥寥无几、能够在很大程度上掌控自己命运的人并不是因为拥有过人的能力，也并不是因为得到了外部的人和事的助力，只是因为他们随机应变，掌握了难以确定的20%的命运因素。既然他们能够做到，那么我们也能够做到，但前提是我们也要竭尽全力去掌控20%的因素，既接受不能改变的一切，也努力地为人生之舟保驾护航。

那么，如何才能灵活地掌握不确定的20%呢？首先，要充分发挥语言的力量。俗话说，会说说得人笑，不会说说得人跳。对大部分人而言，与人沟通的方式就是语言交流。是否擅长运用语言起到表情达意的作用并非取决于先天，而是取决于我们后天在成长和学习的过程中是否提升了理解能力和表达能力，是否积累了足够多的词汇，是否能够洞察他人的真实心意，是否能够做到凝神倾听，用心体会。真正的沟通不是始于表达，而是始于倾听。认真倾听，语言交流才会水到渠成。

首先，在语言表达的过程中，要坚决杜绝没有底气的话的出现。例如，在班长竞选时，一位同学说："如果大家选我当班长，我一定竭诚为大家服务。"这样的话听上去没有任何力量可言，而且充满了不确定性。要想为自己拉票，就应该充满信心、充满勇气，告诉同学们："大家一定要把宝贵的一票投给我，因为我将会带领大家打造全新的班级。相信我，你也是在给自己机会。"和前面的竞选语言相比，后面的竞选语言无疑更加鼓舞人心。再如，面对顾客对商品质量的怀疑时，要想打消客户的疑虑，就要以斩钉截铁的语气告诉客户："我们的商品质量是有保障的，实行一年免费换新的服务，仅凭这项服务，您就可以看出我们的诚信。"这样的一句话会让顾客吃下定心丸，当即决定购买。反之，如果吞吞吐吐地对客户说："我不能为我们的质量打包票，毕竟只要是人，生产的东西就会有质量问题，这一点你也心知肚明……"听到这样不敢做出保证的回应，哪位顾客还敢购买呢？

其次，有理不在声高。很多人在说话的过程中会情不自禁地提高音量，误以为只有让声音更大，才能在气势上取胜，其实不然。很多情况下，我们即使声嘶力竭，也未必能够吸引人们的关注。遇到这样的情况，如果反其道而行，选择压低声音，或者突然把声音变小，反而会起到更好的效果。

最后，语言一定要凝练。有些人说话啰唆，既没有重点，也缺乏条理。因为听话的人必须自己进行总结，寻找重点和关键信息，所以听这样的人说话是非常累的。那么，如果说话的人在表达之前就精心组织语言，做到言简意赅，沟通就会更加简短，也会更加有力。

这些是从语言的角度出发阐述的增强力量的重要举措。其实，不管是说话，还是做事情，都要有干脆利索的风格，也都要能在最短的时间内进行周密的思考，做出正确的抉择。毕竟和语言相比，行动才是更有力量的，一百次空想也不如一次切实的行动有效。

你只需要运用20%的力量

做人做事恰如写作文，不可能对所有的细节都进行详细的阐述，也不可能把自己所有的思想和观点都在一篇文章里表达出来。如果想说的实在太多，可以再写一篇不同的文章进行表达。总之，这些东西在一篇文章里是不可能面面俱到的。一篇好文章必须重点突出，层次分明，立意鲜明，而且要注意切勿用力过猛。只有恰到好处地发力，才能成就一篇好文。

面对陌生的事物，我们总是想要对它形成总体印象，其实这并不是最重要的，因为只要抓住20%的关键部分，我们就把握了事物本质。例如，当我们通过细节观察到一个人不遵守社会公德，也不愿意兑现诺言时，就可以推断出他的人品值得怀疑。再如，有个人一而再，再而三地对你撒谎，那么你就没有继续相信他的必要了。即使决定再一次相信他，也要多多留心，多多验证。对于一个品质低劣的人，我们无须探究他到底在哪些方面表现糟糕；对于一个撒谎成性的人，我们也无须追查他到底撒过多少次谎。这就是抓住20%的关键品质，对一个人形成整体印象的方法。

同样的道理，在与他人交流的过程中，我们也要细致入微地考察他人的言行举止，这样就能通过小事预见全局。需要注意,哪怕因为一些小事而对他人有一定的认识,也不要妄下断言。毕竟整个世界都处于变化之中,所有人也都一直在变化,在成长,在进步。我们要以与时俱进的眼光看待他人,要怀着更加宽容的态度理解和包容他人。

还需要注意,我们不能针对他人某件事情的表现或者某个时刻的表现以偏概全。很多时候我们都无法了解他人身上正在发生什么,因而在评价他人时切勿断章取义,而是要有足够的耐心。俗话说,路遥知马力,日久见人心,正是这个道理。在陈凯歌导演的电影《搜索》中,高圆圆扮演的女主角年纪轻轻就成了总裁的助理,事业有成,可谓是春风得意。然而,她因为身体不适去医院体检时却意外地得知自己居然患上了恶性肿瘤晚期。这个消息对她而言无异于晴天霹雳,让她的整个世界都瞬间坍塌了。她心神恍惚地坐上了公交车,对于身边发生的事情一无所知,也没有意识到旁边有一个老人需要让座。当然,以她当时失魂落魄的样子,也的确没有心情给老人让座。不承想,那个老人却很强势,要求她必须让座。这个时候,心灰意冷、万念俱灰的她一气之下让老人坐在她的腿上,由此与老人发生了争执。这个时候,有人把经过拍摄下来并且发布到了网络上。很快,网络暴力就汹涌而来,使她同时承受疾病和网络的双重伤害,最终走上了绝路。

当时,如果人们知道她是一个刚刚得知自己身患绝症的妙龄少女,如果人们知道她正在因得知自己身患晚期绝症而精神恍惚,还没有恢复神志,那么对她就会多一些理解和宽容。虽然人们常说耳听为虚，眼见为实，但是事实却告诉我们很多时候眼见也未必为实。要想探知事情的真相，我们就需要更加理性和冷静，愿意花费更多的时间去寻根究源。

只凭一件偶然发生的事情就判断整个人的品质显然是不负责任的举动。就算对于他人的观察日渐深入，我们也只能对他人做到有大概的判断，而不可能凭这一点断定自己了解他人。在这个世界上，人心是最复杂的，一是因为人心莫测，二是因为人心随着外部世界的改变也在不停地变化。既然如此，我们就不要妄下定论，既给自己一些时间去了解，也给他人一些时间去表现。这才是明智的选择。

在评价他人的过程中，不妨坚持二八定律，重点把握"慎重"的原则。每个人都是生动立体而非片面单薄的。我们一定要有火眼金睛，能够透过现象看到本质，对他人形成整体的印象和观点。唯有坚持不断积累，我们才能提升辨识人和事物的准确度。要想培养上述能力，具体来说，要做到以下几点。首先，不要被小事困扰，坚持调整自己的观点和想法，坚持与时俱进，保持进步的状态。其次，不要鼠目寸光地只顾眼前利益。要有大格局，也要有长远的眼光，这样才能立足当下，放眼未来。再次，不要被他人的话所影响。人人都生活在流言蜚语中，只有那些坚持明辨是非的人才不会被流言蜚语所影响，也不会成为流言蜚语的传播者。最后，我们要坚持验证。任何事情只有经过验证才能作为判断的依据，任何人只有对自己的行为举止负责才能做到谨言慎行。

总之，在信息大爆炸的现代社会，每个人都有可能处于信息漩涡的中心，也有可能在不知不觉中成为信息的传递者。我们既要有搜集各种信息的能力，也要慎重地使用信息，切勿因滥用信息而伤害自己和他人。当把握住最关键的20%的力量时，我们就能管好自己，创造属于自己的精彩人生。

捕捉关键信号

不管是什么事情,发生前都是有预兆的。预兆,就是事情在发生之前的征兆,也是为我们传递的信号。不可否认,现实生活中总有些事情突如其来,令人措手不及。实际上,这只是因为我们没有捕捉到这些事情提前释放出来的信号而已。有些人特别善于推理和判断,有着严密的逻辑思维,还能预估很多事情。在所有的事情中,我们大概能预估20%的事。遗憾的是,我们错过了很多事情的预兆,直到事情真正发生之后才恍然大悟。面对着惨痛的后果,还有可能追悔莫及。

因为人为错误,苏联切尔诺贝利核电站发生了核燃料泄漏事故。这次事故的后果非常严重,给当地的生态环境带来了极其恶劣的影响。为了避免类似的事情再次发生,就必须认真负责地做好核电站的检查工作。对于核电工作如此,对于其他工作也要如此。意识到发生了小的错误之后,马上采取有效的措施控制事态的发展,就能避免严重的后果。如果能够在事情还没有发生之前就捕捉到很多微妙的信号,就更能够防患于未然。需要注意,如果事情释放的信号超过了20%,那么很多人就会意识到事情的现状,并能及时地采取措施应对。

由此可见,要想从众人中脱颖而出,就必须做到感觉敏锐，反应及时。反之，如果很多人都已经捕捉到事情即将发生的信号，而我们对此却依然无知无觉，那么事情大概率会朝着不好的方向发展，产生不良的后果，也使我们陷入无法摆脱的困境。

面对各种事情即将发生时发出的征兆，有人尽管感觉到了信号，却怀着不屑一顾的态度，压根不会重视这些信号，甚至断言这些信号是毫无意义的。不得不说，这样的想法必然会导致他们错失良机，也会使事态变得越来越严重。正确的做法是，哪怕对于很小的信号，也一定要慎重对待，坚决不能掉以轻心。千里之堤，溃于蚁穴。小小的隐患在刚刚发生时并不会造成严重的后果，随着时间的流逝，如果始终对其不闻不问、不以为意，那么小小的隐患就会如同大树的种子一样生根发芽、抽枝散叶，最终遮天蔽日，无法挽回。古人云，失之毫厘，谬以千里，正是这个道理。古今中外，很多原本至关重要的事情或者浩大的工程之所以遭遇惨败，恰恰是因为小的误差存在。例如，火箭发射失败有可能是因为一颗螺丝钉没有加固，动车脱轨有可能是因为在计算的过程中一个小数点标错了位置等。无数事实告诉我们，要想获得成功，就必须关注细节、把握细节，在细节方面追求完美。

现实生活中，有些人富得流油，有些人却穷得叮当响。那么，穷人和富人最根本的区别在哪里呢？有人认为是机会，有人认为是人脉关系，有人认为是启动资金，有人认为是聪明才智。其实，造成不同的人贫富悬殊的根本原因是是否想赚钱，是否想发家致富。很多富人都是从穷苦的生活中走过来的，他们尽管没有钱，却每时每刻都在想着赚钱的事情，即使对于硬币掉落在地上的声音，他们也能比别人更加敏锐地捕捉到。从这个意义上来说，穷人要想彻底摆脱穷困，就要先改变心态，树立发财致富的目标。

相传，有两家皮鞋厂都派出了推销员去考察非洲市场。到了非洲市场，第一个推销员看到目之所及之处都是赤裸的双脚，不由得感到万分沮丧，他甚至没有离开机场，就购买了返程的机票。回到厂子里，他向厂长汇报道："厂长，非洲人根本不穿鞋，我们的皮鞋就算是运到了非洲，也一定销售惨淡。我建议您还是不要打非洲的主意了，还是想想怎么在国内打开销路吧。"

和第一个推销员不同的是，第二个推销员到了非洲，不由得心花怒放。他来不及走出机场，就赶紧打电话向领导汇报。只听他喜笑颜开地说："领导，我告诉您一个天大的好消息。原来，绝大部分非洲人都不穿鞋。您想想，如果我们能说服每个非洲人都买一双鞋，那么我们就发财啦。"听到这个销售员的话，领导很激动，当即就委任这个推销员为非洲区的销售总监。这个推销员挽起袖子干得热火朝天，很快就把鞋子推销给了非洲人。随着穿鞋的非洲人越来越多，他的销售业绩也越来越好。

同样是面对习惯于光脚的非洲人，第一个推销员即使瞪大了眼睛也看不到商机，灰溜溜地打道回府了。第二个推销员能够敏锐地捕捉到商机，也看到了非洲的巨大市场。这就是能否捕捉关键信号的差别。

  不管做什么事情，我们都要用火眼金睛透过现象看本质，捕捉到很多他人忽视的关键信息，唯有如此，我们才能先人一步抢占先机，也才能抓住机会发财致富，成为真正的富人。在很多情况下，是否占据20%的关键信息对于成功与否起到了决定性的作用，只有真正能够把握这些重要信息的人才能改变现状，创造未来。

时刻滋养心灵

从本质上来说，二八定律是心理学定律而非数学定理。虽然二八定律中体现出20%的和80%的比例，但这并不意味着对于现实中的很多不平衡现象都可以用计算的方式进行衡量。大多数情况下，二八定律并非代表精确的比例。面对二八定律，我们需要的不是数学的各种精确算法，而是对数学加以运用。打个比方，二八定律就像是方向盘，在不同的道路情况下，面对不同的同行者，我们需要灵活地转动方向盘，使其始终保持正确的方向，这样才能抵达目的地。其实，二八定律在生活中的很多领域都有所体现，其中蕴含的不平衡规律也是适用于很多情况的。事实告诉我们，世界上有很多不完全符合数学规律的事情发生，这时二八定律依旧适用。

从心理学的角度看，二八定律更加贴近心灵。虽然没有数据可以验证关于心理学的理论，但是，我们依然可以重点阐述心灵的养分。只要运用二八定律，我们就可以不断地充实心灵，从而成为思想上的巨人，也鞭策和激励自己及时采取相应的行动。对于任何人而言，要想保持心情舒畅，就一定要坚持供给心灵以养分。否则，心灵就会渐渐地干涸，既无法领悟很多深刻的人生道理，也无法管理好自己。

那么,哪些行为才是滋养心灵、为心灵提供养分的呢?从整体上说,滋养心灵的行动必须能够帮助自己保持平静的心情,或者让自己的心情变得越来越舒畅。反之,如果我们做某件事情会让心情很糟糕,那么这件事情对于滋养心灵非但毫无作用,还会起到相反的作用,这是要坚决禁止和避免的。

具体来说,滋养心灵的方法如下所述。

听舒缓的音乐。正如一位名人所说,音乐无国界。哪怕是在语言不通的情况下,我们也能听懂其他国家的音乐。需要注意的是,只有听节奏舒缓的音乐才能起到平复心情的作用。在心情紧张焦躁时,如果听节奏强烈的音乐,就会导致心情起伏不定。一般情况下,听轻音乐或者古典音乐是很好的选择。

欣赏意境深邃的美术作品。绘画和音乐同样属于艺术的范畴。有的时候,只是看到一幅意境优美的风景画,我们都会身未动,心已远,情不自禁地进入绘画表现的情境中,因而感到心情舒畅。为了修身养性,我们还可以在自己工作或者生活的地方悬挂美术作品,这样可以随时欣赏,进而丰富内心的层次。

与心意相同的朋友畅谈。俗话说,人生得一知己足矣。这是因为我们与知己心意相通,志同道合,有很多共同话题可以畅谈,在思想和观念方面也非常接近。每当心情起伏不定或者压抑消沉的时候,与好朋友畅所欲言、推杯换盏是很不错的选择。

读一本好书。书籍,是人类精神的食粮。每当感到精神贫痒或者内心烦躁不安的时候，不妨泡一壶茶，打开一本书，静下心来细细地品味。在阅读的过程中，我们还可以与作者进行思想的交流和灵魂的交融，这种交流超越了时间的界限，不受地理距离的限制，对我们极有好处。

亲近大自然。每当感到心烦意乱的时候，不如离开钢筋水泥铸就的城市森林，回到大自然的怀抱中，欣赏打着露珠的小花，踩在厚厚的落叶上，呼吸清新的空气，也可以在新雨后听一听鸟叫虫鸣。这都能够帮助我们静心。

用心思考。人之所以区别于动物，是因为人会思考，也愿意进行有深度的思考。不管是面对日常生活中的小事情还是人生中突如其来的重大变故，唯有坚持思考，我们才能找到答案。在思考的过程中，我们还要坚持反思自己，以获得进步和成长。

带着憧憬与渴望幻想未来。憧憬未来将会给我们力量，让我们充满信心和勇气面对不如意的当下。即使有朝一日我们意识到距离实现梦想还有很遥远的距离也没关系，因为只要心中有梦，只要眼里有光，未来就是属于我们的。

慷慨地赞美他人，也会得到他人的赞美。俗话说，良药苦口，忠言逆耳。所有人都想听到好听的话，想要赢得他人的赞美。所谓赠人玫瑰，手有余香，我们理应主动慷慨地赞美他人，唯有如此才能与他人建立友好的关系，也才能如愿以偿地赢得他人的赞美。在彼此都不吝啬赞美的环境中，我们终将会敞开心扉接纳他人，被他人尊重和喜爱。

保持规律的作息和健康均衡的饮食。民以食为天，不管何时，只有坚持吃好喝好，才能拥有健康的身体。身体是革命的本钱，如果失去了健康，那么很多事情就无法去做。要保持身体健康，除了要吃好喝好，还要保持规律的作息。如今，很多年轻人都是不折不扣的夜猫子，过了午夜才睡觉，早晨又昏昏沉沉不愿意起床。日久天长，就会昼夜颠倒，严重危害身体健康。

拥有充实的内心。对每个人而言，如果内心充实而又富足，就会自得其乐，而不会被外界的人和事影响；反之，如果内心空虚而又匮乏，就会颓废沮丧，缺乏主见，很容易受到他人的负面影响。因此，我们要笃定地做自己，切勿人云亦云，更不要成为墙头草两边倒。

不管采取怎样的方式滋养心灵，我们都要有自己的思想和主见，保持良好的心态。任何时候，一颗热爱生活、积极向上的心灵都是必不可少的。在很大程度上，心灵的状态会影响身体的状态，反之，身体的状态也会影响心灵的状态。唯有保持身心健康，我们才能身定心安。

第八章

运用二八定律,收获美好感情

人们常说，多个朋友多条路，多个敌人多堵墙。人们也常说，在家靠父母，出门靠朋友。这充分说明朋友的重要性足以与父母相提并论。对所有人而言，父母终究会老去，从我们的生命中退场，但是志同道合的朋友却会更长久地陪伴我们，尤其是当我们遇到困难的事情需要帮助时，真心的朋友更是会毫不迟疑地对我们伸出援手。朋友不但能够陪伴我们一生，更是我们在工作上的坚强后盾和强大助力。在这个世界上，没有人能单打独斗，每个人都要依靠朋友的帮助才能获得成功。

贵人相助，事半功倍

在每个人的生命中，总有些人是不可或缺的，例如父母、孩子、伴侣，其中也有真心真意的好朋友。如果说父母一天天老去，会从我们的生命中退场，孩子不断地长大，终究会飞到属于自己的人生天地，那么朋友则会和伴侣一样长久地陪伴在我们的身边。每当需要的时候，我们只要一扭头，就能看到朋友的笑脸。人生最幸运的事情莫过于拥有几个好朋友。然而，也有人很不幸，虽然结交了很多朋友，但真正的朋友却没有几个，能帮得上忙的朋友更是少得可怜。

现代社会中，人际关系被提升到前所未有的高度，越来越多的人意识到人脉资源是非常珍贵的，对一个人的成长和发展起到了至关重要的作用。在追求成功的过程中，如果能够得到贵人相助，就能事半功倍；反之，如果始终不能得到贵人相助，那么就会导致事倍功半。可见，关键时刻是否能够得到助力，对结果起到了不容忽视的作用。

在选择和结交朋友的过程中，我们一定要擦亮眼睛选择真心的朋友，并与其长久地相处。对很多有权有势的人而言，想要结交真心的朋友很难，这是因为他们高高在上，风头正盛，所以很多人都会簇拥在他们的身边，想要从他们身上借光。一旦他们落魄了，这些"朋友"就会在很短的时间内消失得无影无踪，更不愿意给予他们任何帮助。这样的人充其量是狐朋狗友，与真心的朋友丝毫沾不上边。正因如此，有些有权势的人才会故意装成很穷的样子，只是为了试探朋友的真心，验证朋友是否真的值得交往。

通常情况下，一个广泛交友的人会拥有很多朋友，但是其中能够称得上是真朋友或者是贵人的人却少之又少，屈指可数。当然，这并非意味着我们只能结交那些对自己有用的人，而疏远那些对自己无用的人。交朋友要靠着以真心换取真心，而非急功近利。很多成功者的经历告诉我们，他们之所以能够取得想要的成就，是因为得到了不足20%的真正朋友的鼎力相助。换言之，不足20%的真正朋友的鼎力相助，使他们获得了80%的成就。

毋庸置疑，这些不足20%的关键朋友对我们的人生起到了重要作用。现代职场上，那些有所成就的人都是拥有丰富和优质人脉资源的人。他们平日里就很注重与这些关键朋友加深感情，维护关系，因而到了需要帮助的时候，这些朋友就会毫不迟疑地贡献所有，拼尽全力。反之，如果平日里很少与朋友联络，更没有人情往来，而只是等到需要的时候才向朋友求助，那么结果一定会大失所望。

自从有了微信，很多人的朋友圈里就有成百上千个朋友。然而，当有了紧急情况需要朋友帮忙时，却发现朋友圈里压根没有可以联系的人。我们可以对所有朋友进行评估从而区分等级，最终确定哪些朋友是可以随时麻烦的，哪些朋友是可以一起享乐的，哪些朋友是只限于点头之交的，哪些朋友是见面了都未必认识的。经过这样的评估之后，我们就会深刻地认识到一个道理，即朋友不在于多，而在于精。

真正的朋友之间互相信任，彼此尊重，而且愿意为对方慷慨解囊。虚假的朋友则只能同享福，而不能共患难。每个人的时间和精力都是有限的，既然如此，就不要再把时间和精力白白浪费在不值得的朋友身上，而是要尽量减少无效社交，只与真心的朋友坦诚相待。当你真正掌握了只占20%的关键人际关系时，你也就离获得80%的成就不远了。

清朝时期，大名鼎鼎的商人胡雪岩最喜欢广交天下朋友。虽然他的家里经常宾朋满座，但是他认为在所有相识的人中，只有杭州知府王有龄和湘军名将左宗棠真正影响了他。正是因为有了王有龄的帮助，他才能在朝廷里立足；正是因为有了左宗棠的赏识和提拔，他才能官运亨通，飞黄腾达。

当年，胡雪岩在钱庄里当伙计，认识了落魄的王有龄。为了资助王有龄，帮助王有龄渡过难关，胡雪岩冒着巨大的风险从钱庄里挪用了五百两银子。作为穷小子的他当然知道这是一笔巨款，但是他毫不迟疑地把这笔钱给了王有龄。正是因为有了这笔钱，王有龄才能打通各个环节，成为浙江海运局坐办。在当时，这个职位可是不折不扣的肥差，专门负责管理在海上运粮的船只。从此之后，王有龄官运亨通。正是在王有龄的引荐下，胡雪岩才有机会进入朝廷，成为官员。

后来，胡雪岩又认识了左宗棠。当时，左宗棠正在率领大军攻打杭州城，军队里人困马乏，急需粮草支援。胡雪岩慷慨解囊，不但帮助左宗棠解决了粮草问题，更是提供了大笔资金让左宗棠发放军饷，振奋军心。看到胡雪岩如此知晓大义，左宗棠便与胡雪岩成为生死之交。后来，也是在左宗棠的全力提拔下，胡雪岩才能升任更高的职位。

从胡雪岩的交友经历上不难看出，胡雪岩本身很慷慨，对待朋友满怀赤诚，是值得交往的人。正因如此，他才能帮助落魄的王有龄，也才能慷慨地解了左宗棠的燃眉之急。显而易见，王有龄和左宗棠对胡雪岩很重要，胡雪岩对王有龄和左宗棠同样很重要。他们之间是互相成就的关系，而不是单方面的付出。

人生虽然漫长，但真正能够影响我们人生的只有寥寥几个朋友。我们一定要尽早认识到这些关键朋友的重要性，集中精力与这些朋友深入交往，从而给自己的人生以不可或缺的助力。尤其是在职场上，认识一些关键人物是非常重要的。

保持适当的距离

前文说过,在众多朋友中,大概只有不足20%的朋友是重要朋友,会对我们提供帮助。为此,我们很有必要花费更多的时间和精力用心维护与这些重要朋友的关系,也经营好与他们的感情。遗憾的是,哪怕我们再小心翼翼,这些至关重要的人际关系也会因为这样或者那样的原因不复存在。这当然是令人惋惜的,那么,如何做才能避免这种情况发生呢?

人们常说,距离产生美。在绝大部分人际关系中,过于亲近而失去分寸感是导致关系土崩瓦解的主要原因。在漫长的生命历程中,我们不断地失去一些朋友,也持续地结交新朋友。然而,那20%的重要朋友却很有可能是不可取代的。一旦失去了他们,人生就会产生重大的损失。为此,我们必须牢记与朋友相处的原则,即距离产生美。

人与人之间的关系是非常神奇的,有些人彼此无感,哪怕很久之前就认识也不会成为真正的朋友;有些人一见如故,哪怕只是第一次见面也会非常熟悉和亲近,仿佛已经认识了很久。这是因为每个人的气质都是独特的,当一个人的气质与另一个人的气质相互吸引时,彼此之间就会产生熟悉、亲近和相见恨晚的感觉。对于这样的朋友,即使年龄差距很大,即使相隔遥远的距离，即使身份地位悬殊，都不能阻止他们之间的友谊萌芽。不仅同性之间会一见如故，异性之间也有可能有似曾相识的感觉。然而，不管彼此之间的吸引力多么强大，每个人都是独立的个体，都有独特的成长环境，所以朋友之间还是会存在差异的。这种差异既体现在生活环境、教育背景等方面，也体现在人生观、世界观和价值观等方面。尤其是在一见钟情的异性之间，随着最初的激情渐渐褪色，相处时的琐碎就会显露出来，也就无法避免摩擦。在此过程中，两个人很有可能从相互欣赏、彼此喜欢，到相互挑剔、彼此苛责，甚至从情人变成仇人，从爱人变成路人。既然爱情存在的时间是很短暂的，那么相爱的异性就要趁热打铁，趁着相互倾心，把爱情发展成友谊，把灼热的爱情变成漫长的陪伴和长情的告白。

那么，所有异性之间的感情都会变成爱情吗？难道异性之间不存在纯粹的友谊吗？异性之间当然是有纯粹的友谊的。细心的朋友还会发现，即使是同性朋友之间的相处，也与夫妻之间的相处模式类似，甚至朋友之间的感情比夫妻之间的感情更加深厚。这一点可以从很多铁哥们儿、"骨灰级"闺蜜之间得到验证。然而，不管是多么坚如磐石的感情，都有可能因为一件不起眼的小事而出现裂痕，产生隔阂。为此，要想维持友谊，除了要相互尊重、彼此包容和谅解，还要有意识地与好朋友之间保持适度的距离。人与人相处就像是刺猬与刺猬依偎在一起取暖，距离太近，很容易被对方身上的刺扎伤；距离太远又会感到寒冷。在彼此磨合和相互适应的过程中，刺猬们最终选择了最合适的距离，既不至于被对方身上的刺扎伤，又能以对方的温度取暖，而不至于感到寒冷。很多结婚多年的夫妻看起来特别默契，也很和谐，这恰恰是因为他们在漫长的相处过程中一直在相互试探，小心磨合，最终才能越来越融洽。

那么，如何做才能保持适度的距离呢？

首先，不要过分亲密。除了要与对方保持物理上的距离外，还要尊重对方的私人空间，与对方保持心理上的距离。例如，不要打探对方的隐私，不要侵犯对方的私人空间和领地，更不要没有分寸地与对方开玩笑。当对方需要我们的时候，我们要出现并且陪伴在对方身边；当对方不需要我们的时候，我们则应该远远地看着对方，默默地祝福对方。古人云，君子之交淡如水，说的正是这个道理。

其次，以合适的方式保持联络。在社会交往中，有些人没有分寸感，常常会侵犯和霸占他人的私人空间。朋友之间不管关系多么好，在有了各自的家庭之后，要想见面就得提前预约，看看对方是否方便。如果不由分说就直接去对方的家里，则会使对方特别被动与尴尬。对于距离遥远的朋友，还可以采取发微信、打电话、发邮件、打视频等方式联络，既高效又便捷。

最后，要讲究仪式感。仪式感是很重要的，可以让很多原本平淡无奇的日子变得值得纪念。在特殊的日子里，我们要为朋友准备特殊的礼物，给予朋友特殊的惊喜。和朋友一起度过的特殊时刻越多，彼此之间的感情也就越深厚。

总而言之，只有保持适度的距离，既不过于疏远以至于产生隔阂，也不过于亲近以至于让彼此都觉得不自在，才能维护好与20%的重要朋友的关系。

给朋友分分类

结交朋友要看重质，而不要只追求量。即使朋友再多，如果没有值得真心相待的，也只是流于形式而已。不可否认，人与人之间的关系是分远近亲疏的，朋友之间也是如此。有些朋友尽管不常见面，也不常联络，但是心中却始终有彼此，一旦看到对方到了危难时刻，马上就会奋不顾身地鼎力相助，这是真朋友。有些朋友虽然每天都在一起胡吃海喝，酒过三巡就勾肩搭背，称兄道弟，但是一旦发现对方大势已去，立刻就会玩消失，或者找各种借口拒绝对方，这是假朋友。除了以真朋友和假朋友给朋友分类，即使都是真朋友，关系也是有远有近的，并不能一概而论。

看到这里，也许有些读者会感到疑惑：朋友相交应该真诚，对所有的朋友应一视同仁，那么为何又要区分远近呢？其实，按照关系的远近亲疏区分不同的朋友并不是不真诚。二八定律告诉我们，在所有朋友中，只有大概20%的重要人物会影响我们的人生。因此，我们要遵循二八定律，区别对待朋友。只有尽快地识别出哪些朋友是重要人物，我们才能投入大量的时间和精力与对方交往，并经营和维护好与对方的关系，在努力追求成功的过程中，我们才能得到对方的慷慨相助，也才能借助对方的力量实现自己的目标。

通常情况下，我们会出于各种原因而主动结交一些朋友，与此同时，也会有些人出于各种原因而主动来到我们的身边，想要结交我们。毫无疑问，我们结交朋友是因为喜欢他们，是因为对方值得；他人亲近我们，同样也不外乎这些原因。在所有的朋友中，有人能够给予我们助力，也有人想要从我们身上得到助力。在区分不同朋友的时候，我们要本着和平友善的原则进行区分，尽量避免在不知不觉间得罪他人，尤其不要表现出急功近利的样子，否则没有人愿意与我们成为朋友。

现代社会中，尽管大多数人都意识到了人脉资源的重要性，但是，并非所有人都愿意结交尽可能多的朋友。有些人拒绝无效社交，更不愿意把宝贵的时间浪费在毫无意义的虚假朋友身上。为了节约时间和精力，也为了集中心力，我们很有必要用火眼金睛识别真假朋友，也以关系的远近亲疏对朋友进行划分。这样做不但能够提高经营人际关系的效率，而且能够有效地保护自己，免受那些虚假朋友的伤害。

需要注意，人有很强的主观性，每个人都会产生主观感受，对待朋友也是如此。基于这个原因，我们很难区别对待不同的朋友。有的时候，我们会受到那些花言巧语者的蒙蔽，误认为对方是真朋友，哪怕有人提醒我们要辨识对方的真面目，我们也不愿意接受。在这样的情况下，我们很容易受到伤害。此外，还有些朋友并不像我们所想象的那么重要，但我们却对他们付出了大量时间和心力，最终反被对方所利用；有些朋友明明很重要，我们却因为他们不善言辞、沉默寡言，而把他们列入不重要的80%的朋友的阵营，使得他们没有机会表现出超强的能力。人们常说，画虎画皮难画骨，知人知面不知心。与朋友相处需要漫长的过程，在经历各种事情之后才能有所成长，有所感悟。

如果说理性的人比较容易区分不同关系的朋友，那么感性的人、充满热情的人则很难对朋友进行区分。这是因为他们有着赤诚之心，很愿意相信他人，在对方还没有表明态度，甚至在还没有与对方深入交往时，他们就已经对对方坦诚相见、剖白心迹了。在人际交往中，这种善良单纯的人很容易受到欺骗和利用。还有些人过于友善，从不懂得拒绝，因而对待所有的朋友一视同仁、雨露均沾，最终付出了很多的时间和精力，却不得不面对付出和回报不成正比的尴尬局面，不仅严重损害了自身利益，也没有获得真正的朋友。

俗话说，江山易改，本性难移。人的性格是很难改变的。即便如此，我们也要坚持成长，坚持进步。常言道，吃一堑，长一智。在结交朋友的过程中，我们也需要亲身去经历和体会，这样才能积累更多的社交经验。

在80%的非重要朋友的阵营里还有一些损友，这是我们需要识别出来，且将其从朋友的阵营里剔除出去。所谓损友，指的是那些忌妒心强，不愿意看到别人比自己过得好的人。他们一旦看到别人比自己过得好，就会打击他人，让他人的心情变得低落。此外，他们悲观消极，面对任何问题的第一反应都是放弃，对于生活和工作中的不如意现象也总是牢骚满腹，而不会积极地想办法解决问题。和这样的朋友待在一起，我们不知不觉间就会受到影响，产生消极的想法或者试图逃避。一旦意识到身边有这样的朋友，就要立即远离他们。

与快乐的人相伴，收获快乐

结交快乐的朋友，我们也会与快乐相伴；结交悲伤的朋友，我们也会被悲伤烦扰。为了获得更多的快乐，我们要与快乐的人相处。当花费了大量的时间和精力与某些人相处，最终非但没有得到他们的助力，反而因此失去了好心情，这就意味着我们建立了错误的人际关系，需要立刻结束这个错误。从心理学的角度来说，这是及时止损，否则，一味地容忍对方，继续维持与对方的交往，损失只会越来越惨重。

每个人都应该认清一个真相，即只有20%的朋友能给我们带来80%的快乐，而大概80%的朋友只能给我们带来20%的快乐。既然如此，我们就要有所侧重，倾向于与20%的重要朋友相处。朋友，是一生的陪伴。在人生的所有阶段中，我们的身边都会有各种各样的朋友。与性格友善的人相处，我们会感觉如沐春风，身心都得到舒展，变得更加敏锐，充满力量；与性格阴郁的人相处，我们会感到特别压抑和忧愁，身心都不堪重负，变得迟钝，也越来越孱弱。这是因为快乐的人拥有积极的生活态度，而悲伤的人拥有消极的生活态度。

很久以前，有个农场主特别爱抱怨，每当生活中有小小的不如意，他都会喋喋不休地抱怨，牢骚满腹。在收成不好的年份里，他的抱怨铺天盖地。令人惊奇的是，在收成好的年份里，他依然会抱怨。有一年风调雨顺，农场里的作物获得了大丰收。尤其是玉米，不管是在产量上还是在质量上都令人惊喜。家人都如释重负，暗暗想道："这下子一家之主总不该再抱怨了吧，因为的确没有什么值得抱怨了。"然而，农场主依然怨声载道。他不满地嘀咕道："玉米的确获得了大丰收，而且每个玉米都很完美。但是这也导致了一个问题：往年我会用不完美的玉米喂猪，现在我去哪里找不完美的玉米喂猪呢？"

听到农场主的话，家人感到啼笑皆非。大儿子不假思索地说："爸爸，你也可以用完美的玉米喂猪啊，反正每年都会有一些玉米用来喂猪。"农场主把头摇得像拨浪鼓一样，说道："不行，不行！那么好的玉米，怎么能拿来喂猪呢！"这个时候，小儿子又提议道："要不，我们把完美的玉米卖掉，再用换来的钱去买不完美的玉米，这样还能节省一部分钱呢！"农场主紧皱眉头，显然，他并不认为这是个好主意。他继续否定道："家家户户都有猪，都需要喂猪，没有人愿意找麻烦。"就这样，家人也没有办法了，只剩下农场主一个人唉声叹气。

从这个农场主的表现不难看出，那些不快乐的人对待生活缺乏积极的态度，不管命运是否亏待他们，他们都能找到苛责生活的理由。人人都追求成功，却很少有人知道，各种负面情绪诸如紧张、焦虑、沮丧、颓废、挑剔、苛责等，都是成功的拦路石。尽管我们无法从科学的角度对各种负面情绪做出合理的解释，但是人人都曾产生过负面情绪，也曾深受负面情绪的困扰。只有始终保持好心情，与快乐的人相处，我们才能减少负面情绪。

　　人与人之间是有能量交流的。与拥有正能量的人在一起，我们会感到身心愉悦，通体舒泰；与充满负能量的人在一起，我们则会感到极度不适，却不能明确地知道问题到底出在哪里。从这个角度看，我们要选择与拥有正能量的人成为朋友，这样才会从他们身上获得正能量。反之，如果与拥有负能量的人成为朋友，我们就会获得负能量。不管是作为普通的朋友，还是作为亲密的爱人，人与人之间最好的关系就是相互助力，而不是相互损耗。

近朱者赤，近墨者黑

古人云，近朱者赤，近墨者黑。这句话的本意是，当一个东西接近朱砂的时候，它就会被染成红色；当一个东西接近墨汁的时候，它就会被染成黑色。通常情况下，人们用这句话比喻接近好人就能变好，接近坏人就会变坏。在与人相处的过程中，这种现象是非常明显的。这是因为每个人都生活在特定的环境中，都会受到周围环境的影响。尤其是与朋友相处，我们更是会在潜移默化中被朋友影响。正因如此，才有人说朋友决定命运。

现实生活中，人人都渴望结交更多的朋友，殊不知，交朋友也是有门道的。我们要选择与积极乐观、充满快乐的人成为朋友，而不要与那些会危害我们，或者会给我们带来负面影响的人成为朋友，否则，我们就会与他们一样变得郁郁寡欢，毫无快乐可言。

与积极乐观、品格高尚的人在一起，将会形成有益的能量场，人与人之间起到好的影响作用，也营造出良好的生存环境。与好朋友为伴，我们不但能够汲取精神的力量，也将会在需要的时候得到朋友的慷慨相助。反之，如果我们一着不慎结交了不好的朋友，与品格低劣的人为伴，那么就会因此而陷入负能量场，甚至被拖入深渊，无法自拔。一言以蔽之，好的朋友是助益，不好的朋友是损耗。我们要结交更优秀的人，并以他们为榜样，激励自己努力上进。

在结交朋友时，我们也可以运用二八定律进行分析。对于想要结交的人，一定要擦亮眼睛，准确判断他们是属于20%的重要朋友，还是属于80%的非重要朋友。这并不是说结交朋友要攀附权势，而是说要尽量结交在某些方面比自己更优秀的人，才能激励和鞭策自己进步与成长。此外，还要结交懂得自尊自爱的朋友。每个人的立世之本就是自尊自爱，因为唯有自尊，才会尊重他人；唯有自爱，才懂得爱惜他人。当身边的朋友都是自尊自爱之人，我们就会得到朋友的尊重，也会发自内心地尊重与热爱朋友。

现代社会，很多人都有各种各样的心理疾病。心理疾病是很隐匿的，除非长久地相处，否则根本无从觉察。因此，在和朋友相处的过程中，一定要用心观察，把握不为人知的细节，从而以小见大，见微知著，了解朋友的人品。与身心健康的人成为朋友，我们自身也会不断地提升思想境界，成为品格高尚的人。对于品格低劣者，我们没有必要指责或者贬低对方，而只要默默地疏远，保持距离就好。俗话说，宁可得罪君子，不要得罪小人。这是因为心胸狭隘者很容易心怀怨恨，伺机报复。与那些心胸开阔、心怀坦荡的人相处，我们反而可以表现出真心与本色。

在漫长的生命历程中，每个人都会与形形色色的人打交道，有机会结识各种各样的朋友。无论是从认知的角度，还是从行为的角度，朋友都会对我们起到重要的作用。

古人云，吾日三省吾身，这本意是帮助我们反思自身的行为举止，及时改进和完善不好的地方。把这个道理运用于人际相处，我们就要坚持反思与朋友相处的点点滴滴，从而判断真假朋友，也对朋友有准确的认知。正如一首歌所唱的，朋友一生一起走。在人生旅程中，有些人注定是生命的过客，与我们只有一面之缘，有些人却注定是长久的陪伴，将会伴随我们度过人生中那些欢喜和悲伤的时刻，所以选择与什么样的人成为朋友，轻则影响心情，重则影响前途与命运。

最近，公司要裁员，大家私底下传得沸沸扬扬，很多平日里表现不够突出的员工都很忐忑，生怕自己在裁员之列，从此变成失业人士。有一天午休时，小张正愁眉不展地在茶水间里喝茶，看到小王走了进来，马上神秘兮兮地问小王："小王，听说要裁员，你得到消息了吗？"小王摇摇头，说："管他呢，不管在不在裁员之列都得好好工作，不是吗？"小张撇撇嘴，不以为然地说："你呀，可真是个傻瓜。要是马上被裁员了，还好好工作干什么呀！我看你和我一样很有可能被裁员，告诉你，我最近正在投递简历，抽时间面试呢。这个公司待遇不高，福利不好，如果幸运的话，我先找到下家，不等它裁我，我就先把它辞了。"说完，小张就走了，只剩下小王陷入了沉思。

小王觉得小张说得有道理。当天下午，他忙完手里的工作后，也开始浏览网站找工作。不巧的是，小王的行为恰好被领导看到了。领导不动声色地在裁员名单上加了小王的名字。接到裁员通知的那一刻，小王才知道自己被裁员的原因是三心二意地对待工作，这山望着那山高，他感到懊悔不已。他暗暗下定决心，将来一定要远离小张那样扰乱军心的人。

在这个事例中，小王原本不在裁员之列，正是因为听信了小张的话，在心态动摇之余骑驴找马，最终惹怒了领导。其实，一家公司裁员的规模以及最终淘汰谁，都不是普通员工能决定的。既然如此，不如采取以不变应万变的策略，只要还没有接到被裁员的通知，就脚踏实地、本本分分地工作。像这样笃定地做好本职工作，反而能给领导留下好印象，说不定还能因此力挽狂澜。

人与人之间是有吸引力的，每个人首先要积极乐观，才能吸引同样拥有正能量的人来到身边。反之，一个人如果消极悲观，就会吸引更多拥有负能量的人。要想保持正能量的人际交往环境，还要有意识地远离那些动摇军心、悲观沮丧的人。唯有不给他人任何对自己施以负面影响的机会，才能做到防患于未然。

第九章

运用二八定律,成功如约而至

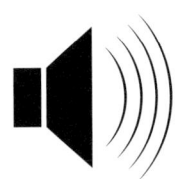

一个人要想获得成功，就要坚持自我提升。很多人都对此怀有误解，认为必须进行全方位的改变，才能真正踏上通往成功的道路。但事实并非如此。从本质上说，成功就是因小小的差异和长久的坚持而与他人拉开差距、远远地领先于他人。很多时候，我们未必需要比别人更加努力，只要能够把握关键的20%，就能够事半功倍，距离成功越来越近。

坚持住，成功就在转角处

当你抱怨总是不能得到成功的青睐，甚至连成功的影子都看不到时，不如静下心来想一想成功者必须具备的素质是什么。有人认为成功者拥有好运气，有人认为成功者拥有得天独厚的条件，有人认为成功者得到了贵人相助，有人认为成功者特别勤奋刻苦……这些对于成功者的理解都不无道理，然而，所有成功者最大的共同点在于他们都有着顽强的意志力，不管面对多么艰难的困境，都能始终不忘初心，坚持不懈。

毋庸置疑，不同领域的成功者都才华横溢，这是他们成功的基础和先决条件。然而，心理学家经过研究发现，大多数人的先天条件相差无几，之所以有的人成功，而有的人失败，很小程度上取决于天赋的差别，而很大程度上取决于后天的努力和坚持。对所有的成功者而言，在获得成功之前，他们都付出了艰苦卓绝的努力，也咬紧牙关熬过了至暗时刻。在经历一次又一次接受挑战、突破和超越自我后，他们才能取得伟大的成就，也才能有所建树。

现实生活中，绝大部分人都是很平庸的，他们默默无闻，碌碌无为，过着寻常的日子，做着普通的工作，只有极少数人功成名就，荣耀加身。此外，还有一部分人总是被失败纠缠，不管做什么事情，都与成功失之交臂。这是为什么呢？如果一定要寻根究底，那么根源就在于他们缺乏耐心和毅力，做事情一旦遭遇挫折和打击，或者在努力了一段时间之后没有获得想要的成果时，他们就会灰心丧气，选择彻底放弃。在他们之中，还有些人特别惧怕失败，为了避免遭遇失败，索性选择不去尝试。殊不知，放弃虽然帮助我们免受失败的痛苦，却也彻底剥夺了我们获得成功的可能性。人生的魅力正在于未知，面对人生中的很多机会，我们都要勇敢地抓住，不遗余力地去做好。人们常说，不去试一试，怎么能知道结果呢？退一步而言，哪怕在尝试的过程中失败了，至少还能从中吸取教训，积累经验，有所收获，这远远比无所作为或者直接放弃更好。

很多人都喜欢看赛马，这是因为赛马的过程非常精彩，充满了未知和变数，能够牢牢吸引人们的注意力，让人们的心情随着赛马局势的变化而变化。通常情况下，在刚刚开始比赛时，不同的马匹之间仅有一步之遥，随着奔跑距离的不断增加，不同马匹之间的差距越来越大，但是，那些实力相当的马匹之间差距微乎其微，再加上不同骑手的水平也有所差距，所以比赛的结果千变万化。正是这样，才会最终角逐出不同的名次。

现实生活中，很多事情正如赛马，在最初只有细微的差别，随着时间的流逝，差距日渐明显。不过，在真正的高手之间，差距依然是很小的，所以高手对决，只能决胜于分毫之差，这是更加扣人心弦的。举个简单的例子，在很多重点院校中，越是高分段，同学之间的差距越小。前些年特别流行一句话，高考是千军万马过独木桥，哪怕只有一分之差，也会相差一操场的人。由此可见，高考的分数竞争真的异常激烈。

通往成功的道路从来不是平坦的，距离成功越近，角逐越是激烈。每当遭遇坎坷挫折时，切勿轻易放弃。有的时候，成功就在转角处等待着我们。正如黎明前的天是最黑的，在真正获得成功之前的时刻也是最难熬的。这个时候，大多数人往往已经用尽了力气，也耗光了耐心，很容易动摇，还有可能会在最后的时刻选择放弃。但人们常说，笑到最后的人才笑得最好。那么，我们也要成为笑到最后的人，这样才能坚持到享受成功美好的时刻。

培养核心竞争力

近年来,木桶理论很流行。大概的意思是,一个木桶能够容纳多少水并非取决于长板,而是取决于短板,所以要想提升木桶的容水量,就要尽量补足木桶的短板。于是,有人认为只有弥补劣势和不足才能提升竞争力。其实,人与木桶是不同的。木桶的最大容水量一定受限于短板,而人的发展未必会受到劣势和不足的限制。对于是否需要弥补劣势和不足,要分为两种情况对待:第一种情况,如果劣势和不足限制了自身的发展,那么我们就要积极地弥补;第二种情况,如果劣势和不足不影响自身的发展,那么我们要把重点放在培养和发展核心竞争力上面。一个人最终能够取得多大的成就,获得多么好的结果,在很大程度上取决于其核心竞争力。举例而言,在医学领域,各个方面的表现都很均衡的医生未必是最优秀的,相比之下,那些在某个领域中有所建树的医生,才能为医学的发展作出贡献,也才能成为医术高明的医生。例如,有的医生擅长治疗胃肠道疾病,有的医生擅长治疗肝脏疾病,有的医生擅长治疗妇科疾病,有的医生擅长治疗儿科疾病等。所谓术业有专攻,正是如此。

要想成为某个领域里的领头羊或佼佼者,既要有天赋,也要有努力。不可否认，每个人都有自己独特的天赋和优势，不可能在所有方面都出类拔萃。我们既要看到自己的优势和长处，也要看到自己的劣势和短处，这样才能在追求成功的道路上始终坚持不懈。

作为成年人，即使迄今为止依然没有独特的成就，也无须感到惭愧，更无须感到慌乱。只要运用二八定律，就能减少内心的痛苦，领悟到自己的人生还有无限的希望和可能。正如很多人所说，成功就是要靠着99%的努力，再加上1%的灵感才能获得。一直以来，人们都把这句话奉为成功的至理名言，却从未想过这句话是否正确。无数成功者的人生经历告诉我们，我们只需要付出20%的努力，就能够获得80%的成就。看到这里，一定有很多朋友都感到惊喜：难道我们真的只需要付出20%的努力吗？的确如此，不过，这20%的努力一定要对症下药，结果才能如你所愿。

对于成功，每个人都有自己的标准。有人认为岁月静好、平安无虞就是人生最大的成功，有人认为赚取更多的金钱就是成功，还有人认为获得更大的权势就是成功……总而言之，一千个人眼中有一千个哈姆雷特，要想只付出20%的努力就获得80%的成就，我们就要锁定成功的目标，保持正确的方向。

只要认真回顾过往，我们就会发现曾经取得的很多成就都符合二八定律。那么，在采取各种方法获得成就的过程中，我们应该用心思考：最适合自己的是什么方法？与自己配合最默契的是哪个合作伙伴？对自己的成功起到最大助力的是什么优势和特长？如果说前面的两个问题都与外部的助力有关，第三个问题提到的优势和特长则与我们自身密切相关。一个人做自己擅长的事情往往能够事半功倍，做自己不擅长的事情却必然事倍功半。既然如此，在开始努力之前就明确自己的核心竞争力是很有必要的。这样就能避免浪费过多的时间和精力，抓住各种千载难逢的好机会，在第一时间就踏上成功的旅程。

对每个人而言，时间和精力都是有限的，也是非常宝贵的。如果大部分事情只能创造20%的价值，那么我们何必要做这种付出与回报不成正比的事情呢？与其浪费时间做无关紧要的事情，不如集中所有的时间和精力做更有价值的事情，这样才能最大限度地发挥时间的效用，也才能创造自己梦寐以求的伟大成就。人人都渴望找到成功的捷径，幻想着一蹴而就获得成功。其实，成功是没有捷径的。如果一定要说成功有方法，那么寻找自身的优势就是成功的好方法。当我们只需要花费20%的时间就能完成别人花费80%的时间才能完成的事情时，我们当然也会比别人更加接近成功。

坚持二八定律，必须积极地寻找自身的优势，这样才能发挥优势轻松地完成很多事情。虽然很多擅长写励志文的作家号召我们做有难度的事情，但是在长久地努力却毫无成果之后，我们必然会因为屡战屡败而倍感沮丧，甚至信心全无。众所周知，在任何情况下，自信和勇气都是成功必备的条件，也是我们力量的源泉。如果既没有自信，又失去了勇气，我们就会故步自封，不愿意进行任何尝试，自然也就无法成功。反之，做自己擅长的事情，轻轻松松就能做好，这样能最大限度地提振信心，激发勇气，让成功接踵而至。

迈出通往成功的第一步

近年来,很多父母都信奉一句话:不要让孩子输在起跑线上。为此,他们给小小的婴儿报名参加亲子班,在孩子还没有上幼儿园的时候就为孩子寻找好的小学、初中,等到孩子进入了小学一年级,他们又迫不及待地为孩子报名各种兴趣班和补习班。在父母紧锣密鼓的安排下,孩子没有片刻属于自己的时间,仿佛不知疲倦地奔波于家、学校和补习班之间,毫无快乐可言。

现代社会中,有啃老的成年人,也有试图把孩子培养得出人头地的父母。他们不是把希望寄托在老人身上,就是把希望寄托在孩子身上,从未想过自己也可以勇敢地迈出通往成功的第一步。

刘红是一位全职家庭主妇,自从有了孩子,她再也没有上过班,每天就负责洗衣做饭和照顾孩子。转眼间十几年过去了,孩子已经上初中不再需要接送了,刘红还是不愿意出去工作。每当年迈的父母劝她出去工作时,她总是有各种理由,例如要给孩子做饭、已经脱离社会太长时间了、不愿意出去受委屈,等等。毫无疑问,只靠着丈夫一个人的薪水很难维持开销,因此每当到了父母领取退休金的日子,刘红就会过去蹭吃蹭喝，还会当着父母的面抱怨日子过得捉襟见肘。父母心疼刘红，总会从不多的退休金里拿出一部分给刘红贴补家用。

刘红不但啃老，还想啃小。每天早晨送女儿到学校之后，她就会回家补觉。等到晚上，她就聚精会神地看着女儿写作业、预习和复习，总之，不到半夜十二点，她不允许女儿睡觉。长此以往，女儿严重缺乏睡眠，经常在上课的时候睡着。直到老师把这个情况反馈给刘红，刘红才意识到自己的做法大错特错。她为自己辩解道："我就是希望孩子将来有大出息。"听到刘红的话，丈夫忍不住责怪道："你与其把希望寄托在孩子身上，不如出去找份工作，多少为家里贡献点儿力量。毕竟孩子长大了，不需要你全天陪伴了，而且将来用钱的地方会越来越多。"刘红默不作声，她可不想出去工作，原本她还想等着孩子将来工作赚钱了能给她零花钱呢。

好景不长，有一天，丈夫被检查出严重的疾病，不能继续工作，刘红这才开始找工作。正如她所担心的那样，她已经脱离社会十几年了，一下子很难找到合适的工作，因此她只能先去超市当理货员，从最基本的工作开始做起。几年之后，刘红靠着辛苦积攒的钱开了一家小超市，从此之后和丈夫一起打理超市。随着超市的生意越来越火爆，她给家里换了大房子，后来又开了很多家连锁超市。看到自己把超市经营得如火如荼，她很后悔自己没有早点儿出来工作，她总是说："真没想到我才是家里的财神爷啊，要是我早点出来工作，咱家早就发财了。"

谁能想到一个当了十几年家庭妇女的人能够把超市经营得

红红火火呢？正如刘红所说，要是能早点走出家门，说不定早就发现了自己的价值，开创了自己的事业。反之，如果不是因为丈夫患病，无法工作，刘红说不定依然留在家里，不愿意外出工作，也就不能发现自己的价值。

现实生活中，很多人做事情前怕狼后怕虎，总是不能当机立断地开始行动。在顾虑重重和不断拖延的过程中，他们最终贻误了好时机。为了避免这种情况发生，与其空想一百次，不如实干一次。当真正开始去做，不管结果如何，我们都能够从中积累经验，获得教训，也能为将来获得成功打下基础。

需要注意，每个人的能力都是有限的，我们可以根据自身的能力做一些工作。与此同时，我们要深入了解二八定律，明确自己想要实现怎样的目标，这样才能锁定目标，有的放矢地展开行动。否则，我们就会像没头苍蝇一样四处乱撞，虽然一直在扑扇着翅膀飞来飞去，却无法抵达自己向往的地方。

很多人之所以失败，是因为他们用有限的精力去做效率低下的事情，而没有认真思考过什么事情才是有价值的。古今中外，所有的成功者都有明确的目标，为了实现目标而拼尽全力。在此过程中，他们会发挥各种优秀的品质，让自己充满热情和激情，不管遇到多少坎坷挫折都决不放弃，也激励自己坚持进取，绝不畏缩，这些优秀的品质都是获得成功的必备素质和基本条件。

古人云，不积跬步，无以至千里；不积小流，无以成江海。在这个世界上，从未有脚不能到达的远方，哪怕目标很远大，只要我们持之以恒地努力，就终究能够实现目标。和日行千里的千里马相比，普通的马尽管奔跑的速度比较慢，但只要一直奔跑，就能抵达远方。所以不要好高骛远，更不要被想象中的困难吓倒，只要从力所能及的小事做起，坚持做好每一件事情，我们就能铺就通往成功的道路。

保持专注

不管做什么事情,要想获得成功,就一定要保持专注。二八定律告诉我们,只需要付出20%的努力,就能做出80%的成就,但前提条件是要凝心聚力,专注地做好所有细节。在生命的历程中,我们必然要面对很多事情,这些事情看似琐碎,却构成了生命的血肉,也赋予了生命以活力。面对这些事情,切勿抱着敷衍了事的态度,而是要集中精神,全力以赴。专注的人才有可能成为专业人士,在某个行业或者某个领域中出类拔萃,成为佼佼者。和均衡发展的人相比,那些拥有专项技能的人是更受欢迎的,也更容易获得成功,这是因为均衡发展的人在很多领域中都蜻蜓点水,浅尝辄止。反之,那些拥有专项技能的人不仅掌握了专业技能和知识,而且始终潜心学习与研究相关的知识,所以在时间的复利效应下变得越来越厉害,可以在特定的领域中独当一面。正如前文所说的,他们已经形成了核心竞争力,这是获得成功的利器。

春天百花盛开,花园、果园里弥漫着芬芳的气息。这个时候,园丁是最忙碌的,每天天一亮就要拿着锋利的剪刀给鲜花和果树修剪枝条。看到园丁毫不迟疑地修剪掉多余的枝条,我们常常感到惋惜,忍不住想:如果能保留这些枝条,植株就会开出更多花朵，果树就会结出更多果实。为此，我们不禁试图阻止园丁修剪。这个时候，园丁总是耐心地向我们解释。原来，之所以修剪掉多余的枝条，是为了保证把有限的营养供给有限的花朵，让果树结出的果实更加丰硕。保留太多无用的枝条只会浪费养分，使得花朵羸弱，果实瘦小。

不管是做人还是做事，我们都要向园丁学习，集中力量攻克难关。如果总是贪心，试图在有限的时间内做好所有的事情，就会导致一事无成。例如，对于各种对未来的设想，我们应该先去除其中不可能实现的，再从剩下的设想中选出自己最想实现的，这样才能明确目标，全力以赴。再如，对于那些即使投入了80%的努力，也没有太大成效的事情，就不要继续投入精力，一定要当机立断地舍弃。

在这个世界上，成功者寥寥无几，失败者比比皆是。其实，失败者之所以失败，并不是因为他们没有才华，也不是因为他们没有好机会，而只是因为他们心中有着各种各样的念头，无形中分散了他们的注意力。要想专注地做想做的事情，就要及时清除各种杂乱无章的想法，集中力量做好20%的事情。

美国前总统林肯一生之中经历了很多次失败，但是他从不放弃，始终立志从政，也做了很多政治上的实事，正因如此，他才能成功当选美国总统；华罗庚是伟大的数学家，从小家境贫寒，父母没有钱供他读书，他只能回到家里帮助父母看守小卖部。他一边看守小卖部，一边学习，还从各个地方搜集数学书，坚持钻研数学难题，正是因为立志在数学领域中有所成就，他才能排除万难，成为数学家；司马迁在遭受宫刑之后，身陷牢狱，却依然没有放弃创作《史记》，鲁迅先生给予了《史记》至高评价，认为《史记》是"史家之绝唱，无韵之离骚"；李时珍一生之中遍访祖国的名山大川，亲自尝遍百草，所以才能写出《本草纲目》，为后人留下宝贵的中医药书籍……总而言之，古今中外，每一个成功者都有着明确的目标，也为了实现目标而始终保持专注，汇聚力量。这就像是攻占敌人的高地，我们必须集中所有的兵力和火力，才能一鼓作气，获得成功。如果三心二意，时常改变主意或更换目标，那么我们只会离想要的成功越来越远。

从现在开始，我们应该坚定不移地贯彻钉子精神，哪怕只是做一件小事情，也要竭尽全力做到最好。漫长的人生正是由无数件小事情组成的，当我们随便敷衍某一件小事时，渐渐地，就会越来越懈怠；反之，如果我们对待所有的事情都很慎重，那么就会养成刻苦钻研的好习惯，把每一件事情都做得尽善尽美。

正确对待失败

一枚硬币既有正面也有反面，同样，我们不管做什么事情，都有可能取得成功，也有可能遭遇失败。每当获得成功，大家总是欣喜若狂，提振信心，继续勇敢地尝试；一旦遭遇失败，很多人都深受打击，因而颓废、沮丧，甚至放弃努力。其实，成功者与失败者之间最大的区别不是天赋，不是贵人，不是机遇，而是对待失败的态度。

成功者积极乐观，不会被失败打倒，而是会从失败中汲取经验和教训，踩着失败的阶梯努力向上攀登。正因为以这样的态度对待它们，这些成功者才能从失败中站起来。反之，失败者面对失败时一蹶不振，信心严重受损，这使得他们很容易被失败打倒。毫无疑问的是，成功者凤毛麟角，这意味着大多数人对待失败都是消极悲观的。在很多情况下，我们应该学会转换思维。常言道，心若改变，世界也随之改变。只有具备成功的潜质，我们才能成为占据少数的20%。然而，很多情况下，我们并不能完全控制自己的思想。

例如，面对结果未知的选择，我们理智上想要勇敢地尝试，情感上却很担心会遭遇失败；面对一直以来想做的事情，我们理智上明白自己要全力以赴，情感上却很害怕付出没有回报。对于这两种不同思想的博弈与纠缠，最重要的是调整好心态。要知道，即使失败了，也能收获经验，但如果从来不敢尝试，那么只会与成功彻底绝缘。

要想正确对待失败，就要转换思维，以正确的思维方式面对成长和发展过程中的阻碍。具体来说，我们要坚持成功的思维，采取合适的方法追求成功。

首先，不管做什么事情，都要分清楚主次，根据现实的情况和自身的实际需要做出选择。现实生活中，很多人做事情不分轻重主次，各种事情如同一团乱麻，最终虽然耗费了时间和精力，对于解决问题却没有任何帮助。只有从根源上解决问题，列出做事的清单，并以轻重主次为依据给事情排序，才能有效地改善这种情况。

其次，不管何时，都要微笑着积极面对生活。总有些人把所有的心情都写在脸上，心情好了，马上喜笑颜开；心情不好，立即愁眉苦脸。其实，生命的本质就是经历各种挫折与磨难。人们常说，人生不如意十之八九，没有人能够每时每刻都拥有好运气，更不可能做任何事情都顺心如意。既然如此，我们要像坦然接受成功那样从容面对失败，与其哭丧着脸让自己和周围的人都心情压抑沮丧，不如把微笑挂在脸上，以积极的心态去面对，哪怕事情正处于困境之中，也千万不要彻底放弃，因为随着时间的流逝，原本陷入绝境的事情很有可能出现转机。

再次，保持平静的态度。不管面对什么人，也不管正在经历什么事情，我们都要保持平静的态度。一则是因为气急败坏只会导致事情更加糟糕，二则是因为态度恶劣不但会影响他人，也会影响我们自身，使我们失去理性思考的能力。在职场上，有些人是从事售后工作或者是销售工作的，面对那些难缠的客户，他们更是要保持平静的态度。其实，客户在阐述整件事情的前因后果时就能够宣泄一部分不良情绪，使自己从激动到渐渐恢复平静。此时，如果这些工作人员能设身处地为客户着想，理解客户的苦衷，就能尽量圆满地帮助客户解决问题。一个真正强大的人，一定能够掌控自己的情绪，不会被愤怒冲昏头脑，也不会被冲动扰乱心智。

最后，认识到好事多磨的道理。在这个世界上，从未有人能随随便便获得成功。每一个成功者的荣耀和光环的背后，都曾经付出了无尽的艰辛和努力。面对通往成功道路上的坎坷与挫折，我们也应该积极地应对，始终坚信自己一定能够成功，这样才能怀着希望熬过至暗的时刻，也才能迎来黎明的曙光。

总之，我们必须关注至关重要的20%的努力，才能一步一个脚印地接近成功。这是符合二八定律的。在追求成功的过程中，哪怕是做一件自认为简单的事情，也要时刻保持认真慎重的态度，坚持自我反省，尤其是要关注并及时消除不良情绪。所有人的成功都是苦心经营人生的结果。

参考文献

[1]赵佳.二八定律[M].北京：中国华侨出版社，2018.
[2]帕累托.二八定律：人生和商场杠杆原理[M].许庆胜，译.北京：华文出版社，2004.